JN006051

化学の要点
シリーズ

48

ペロブスカイト太陽電池

光発電の特徴と産業応用

日本化学会 [編]

宮坂　力 [著]

共立出版

『化学の要点シリーズ』
発刊に際して

　現在，我が国の大学教育は大きな節目を迎えている．近年の少子化傾向，大学進学率の上昇と連動して，各大学で学生の学力スペクトルが以前に比較して，大きく拡大していることが実感されている．これまでの「化学を専門とする学部学生」を対象にした大学教育の実態も大きく変貌しつつある．自主的な勉学を前提とし「背中を見せる」教育のみに依拠する時代は終焉しつつある．一方で，インターネット等の情報検索手段の普及により，比較的安易に学修すべき内容の一部を入手することが可能でありながらも，その実態は断片的，表層的な理解にとどまってしまい，本人の資質を十分に開花させるきっかけにはなりにくい事例が多くみられる．このような状況で，「適切な教科書」，適切な内容と適切な分量の「読み通せる教科書」が実は渇望されている．学修の志を立て，学問体系のひとつひとつを反芻しながら咀嚼し学術の基礎体力を形成する過程で，教科書の果たす役割はきわめて大きい．

　例えば，それまでは部分的に理解が困難であった概念なども適切な教科書に出会うことによって，目から鱗が落ちるがごとく，急速に全体像を把握することが可能になることが多い．化学教科の中にあるそのような，多くの「要点」を発見，理解することを目的とするのが，本シリーズである．大学教育の現状を踏まえて，「化学を将来専門とする学部学生」を対象に学部教育と大学院教育の連結を踏まえ，徹底的な基礎概念の修得を目指した新しい『化学の要点シリーズ』を刊行する．なお，ここで言う「要点」とは，化学の中で最も重要な概念を指すというよりも，上述のような学修する際の「要点」を意味している．

本シリーズの特徴を下記に示す.

1）科目ごとに，修得のポイントとなる重要な項目・概念などを
　わかりやすく記述する.

2）「要点」を網羅するのではなく，理解に焦点を当てた記述を
　する.

3）「内容は高く」,「表現はできるだけやさしく」をモットーと
　する.

4）高校で必ずしも数式の取り扱いが得意ではなかった学生にも，
　基本概念の修得が可能となるよう，数式をできるだけ使用せ
　ずに解説する.

5）理解を補う「専門用語，具体例，関連する最先端の研究事
　例」などをコラムで解説し，第一線の研究者群が執筆にあた
　る.

6）視覚的に理解しやすい図，イラストなどをなるべく多く挿入
　する.

本シリーズが，読者にとって有意義な教科書となることを期待して
いる.

『化学の要点シリーズ』編集委員会

井上晴夫（委員長）

池田富樹　伊藤　攻　岩澤康裕　上村大輔

佐々木政子　高木克彦　西原　寛

序文

　ペロブスカイト太陽電池は，リチウムイオン電池や半導体レーザーなどと並び，日本で生まれた数少ない電気・電子デバイスの１つである．この優れた太陽電池がもし日本で発明されてなければ，シリコン太陽電池に代わる塗布型の高効率太陽電池は今もまだ世界にはなかっただろう．発明には必ずきっかけがあり，このペロブスカイト太陽電池は，わが国が活発な研究をしていた色素増感太陽電池の延長で見つかった技術であり，さらにこの色素増感太陽電池は，わが国が世界的に高い技術をもつ銀塩写真材料の応用として始まった光電変換デバイスである．そして面白いことに，太陽電池のペロブスカイトと写真に用いる銀塩は，いずれもハロゲンからなるイオン結晶であり，感光性の高い半導体である点で共通している．日本の写真産業は優れた品質の銀塩結晶を作り，高感度化の研究で世界をリードしてきたわけだから，ハロゲン化ペロブスカイトの高品質化と高効率化においても優れた技術を発揮することだろう．

　化学の要点シリーズの中でペロブスカイト太陽電池を扱うことには大きな意味がある．一般の太陽電池（シリコン，化合物半導体など）が気相の真空蒸着や高温焼成などで成膜する物理太陽電池であるのに対して，ペロブスカイト太陽電池は，化学反応の技術を駆使した成膜方法によって作られるからである．すなわち，光発電を行う半導体のペロブスカイト結晶膜は，100％化学反応によって溶液からの自己組織化（晶析）によって作られる．さらにペロブスカイトに組み合わせる有機や無機の電荷輸送材料の薄膜も，その多くが化学合成で作られる．これらの積層構造を精密に作る工程は，化学の醍醐味であり，まさに化学の力が太陽電池の性能を決めるといえる．

しかし，ペロブスカイト半導体の物性を精密に評価するのは物理の分野であり，固体物理のセンスが必要となる．このことから，ペロブスカイト太陽電池の研究は，化学と物理を巻き込んで進化してきた．この学際的な研究促進によって発明者（筆者ら）が予想もしなかった高い性能，太陽電池としてトップクラスのエネルギー変換効率にペロブスカイト太陽電池は進化したのである．本書では，筆者らが研究に着手してから 15 年ほどでここまで上り詰めた研究の歴史にも触れながら，ペロブスカイト太陽電池が，わが国の得意とする化学合成技術や薄膜形成技術を活用することのできるエネルギー変換デバイスであることを解説する．そしてなんと言っても，ペロブスカイトの原料（鉛，ヨウ素など）が国内で調達でき安価であることは，国産の次世代太陽電池としてこれを実用化することに大きな意味がある．

　本書は，ペロブスカイト太陽電池のみを解説することを目的としていない．太陽光エネルギーの光工学的な内容を理解し，これを電力に変換することの基礎的な意味を理解したうえで，ペロブスカイト太陽電池のしくみを解説し，その応用技術まで紹介して理解を発展させることをねらいとしている．第 1 章ではまず地球環境問題に触れて太陽光輻射エネルギーの特徴と太陽電池の種類を紹介する．第 2 章ではペロブスカイト太陽電池を発明した研究の背景，そして高効率化の研究の歴史を紹介する．第 3 章は，ハロゲン化ペロブスカイトの材料としての特徴（光物性，半導体の電子物性）の解説である．そして，第 4 章から第 7 章は本書の中心部であり，ペロブスカイト太陽電池の具体的な作製方法と高効率化のための最先端技術を解説する．これらの章を通じて，ペロブスカイト太陽電池が，実用化する高効率シリコン結晶太陽電池に対して何が本質的に違うのか，そして，ペロブスカイト太陽電池の作製において化学がどのよ

うに重要にかかわるかを理解するのがねらいである．第 8 章ではペ
ロブスカイトを使う光電変換の応用が，屋内 IoT から宇宙環境まで
広がっている状況を紹介し，社会実装へ向けた多くの可能性を述べ
る．そして，第 9 章では GX へ向けて，ペロブスカイト太陽電池を
地産地消の自給自足エネルギーとして普及させる方法を提案する．

　本書がペロブスカイト太陽電池を学ぶとともに，効率的な光エネ
ルギー利用に向けた読者の価値観を高めるのに役立つことを願う．

目　　次

コラム目次

第1章

はじめに
太陽光エネルギーとサステナビリティ

1.1　エネルギー源としての太陽光

　地球が宇宙から受ける太陽光の輻射エネルギーは，その半分近く
が大気の反射で失われるが，地表と海洋面に届く太陽エネルギーは
年間でおよそ 3×10^{24} J，気の遠くなる膨大な量である．一方，地
球上の人間社会が生活と産業生産活動などで消費するエネルギーは，
年間おおよそ 6×10^{20} J（石油換算で 2022 年には約 140 億トン）．
したがって，地上に降り注ぐ太陽エネルギーの 1/1000 を利用する
だけで，全世界の消費するエネルギーの 5 倍の量を獲得できる計算
になる．この膨大で無尽蔵な太陽エネルギーを生活と産業のエネル
ギー源として利用することが，自然エネルギーを使ったサステナブ
ルな社会につながる．

　一方，自然界では，地球上最大のエネルギー生産系が植物の光合
成である．地上の太陽エネルギーの約 1/1000 がバイオマス生産を
行う光合成に利用され，大気中の炭酸ガスと地表の水から有機物が
合成されている．光合成は大気中の炭酸ガス総量の 1/7 にあたる年
間約 1000 億トンの炭素（3700 億トンの炭酸ガス）を固定している．
そして，われわれの日常生活と産業の生産を支えるエネルギーの根
源のすべては，この光合成なのである．生活の食料や木材資源は言
うまでもない．産業を見れば，IT 機器や建築物を含めてほぼすべ

ての物は電力や熱のエネルギーを使って生産・加工されたものであり，わが国ではこの電力の 7 割近くを供給するのが火力発電，すなわち光合成の生んだ化石燃料（石油・石炭・天然ガス）の燃焼である．この化石燃料は，光合成が数十億年かけて蓄えた貴重な資源であるが，それを蓄えた速度の 4〜5 万倍の速度で人間社会が，電力や動力として消費している．この結果が大気中の炭酸ガス濃度の増加となって現れており，産業革命（1750 年ころ）以前に 280 ppm 程度であった濃度は，現在では 420 ppm を超えるレベルとなっている．この CO_2 濃度増加が気候変動に直接与える影響については議論があるが，貴重な有限の資源を一方的に消費する生産活動には歯止めをかけなければならない．

　風力発電や地熱発電などと並ぶ自然エネルギーとして，持続可能（サステナブル）なエネルギー供給に貢献する有力な方法が，太陽光発電である．しかし，ここで重要なのは太陽光発電の装置を製造する過程でもエネルギー（電力）が消費され，炭酸ガスが排出されることである．したがってサステナブルなエネルギー供給に向けては，エネルギー消費を極力減らした工程によって，言い換えれば，より安価な方法によって太陽電池を製造し，ユーザーがそれを高いエネルギー変換効率で利用できることが大きな意味を持つことになる．結晶シリコン太陽電池は，1400 ℃以上の溶融工程を使って単結晶を作ることから本来の製造時にかかるエネルギー消費が大きいわけであるが，量産効果としてかなり安価になってきている．その発電コストは最も安価な電力である石炭火力発電（約 12 円／ kWh）を凌駕するまでになってきているが，さらにこれ以上の安価な発電コストを実現しなければ本格的な化石燃料の置き換えにはつながらない．

　ペロブスカイト太陽電池は，そのエネルギー変換効率が結晶シリコンと同等の高いレベル（26%）にある．また，本書で解説するよう

に 100 ℃ 程度の低温で，かつ印刷法で高速に製造することができるため製造設備のコストも小さい．さらに良いことに，発電材料（半導体）であるペロブスカイトの原料（鉛やヨウ素）は極めて安価で，輸入のための負荷をかけずに国内で調達して製造することができる．このことから，太陽電池の量産が進めば，光発電の電力コストは，結晶シリコン太陽電池の半額程度で，石炭火力発電より安価な電力を実現すると考えられる．さらに，ライフサイクルにおいては使用済み廃棄工程に高い回収コストがかからないことも大きな利点である．これらの特長から，ペロブスカイト太陽電池は高効率次世代太陽電池として最も期待されている．

1.2 太陽光スペクトルの広がりと太陽電池

太陽が放射する巨大なエネルギー（約 10^{34} J/年）のうち，地球に達するのは 5.5×10^{24} J/年であり，その半分近くが反射される結果，地表に届く入射量（3×10^{24} J/年）が光発電のエネルギー源となる．このエネルギーは，大気中の水分で長波長の赤外光が吸収される結果，可視光領域に主たるエネルギー分布をもっている．この水分による太陽光吸収（波長 > 900 nm）は大気層の厚さすなわち太陽光の入射角度に影響される．そこで，太陽光入射エネルギーを表す指標として，地表への垂直入射における大気層の厚さを AM（Air Mass）1.0，地表に対する入射角度が 42 度における大気層の厚さを AM1.5 と定義している（AM = 0 は大気層なしを意味する）．AM1.5 の条件では，1 m² 当たりに入射する太陽光の輻射エネルギー（放射照度）の密度は晴天時にちょうど 1000 W/m² となる．図 1.1 は，地表における太陽光輻射強度（放射照度）のエネルギー分布（太陽光スペクトル）である．光量（W/m²）は可視光の領域（波長 400～

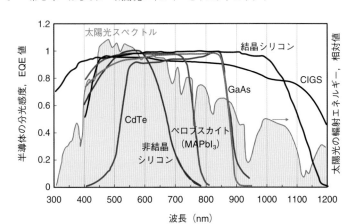

図 1.1 地上の太陽光輻射のエネルギー分布（太陽光スペクトル）と各種太陽電池の光電変換の分光感度（EQE 値として）：GaAs, CdTe, CIGS は化合物半導体（1.3 節を参照）.

800 nm）で豊富であり，赤外領域では水の吸収によって低下していること（950 nm, 1150 nm の付近）がわかる．太陽電池の光吸収の特性をこのスペクトルに重ねると，結晶シリコン（c-Si）では可視光から赤外（波長 1200 nm）までを広くカバーしており，この集光能力によって大きな電流を生み出し，太陽電池として常に最高の効率を実現してきた．一方，化合物半導体の GaAs や CdTe では吸収は 900 nm までの主に可視光側に限られている．また，本書で解説するペロブスカイト太陽電池の標準的な材料であるメチルアンモニウム鉛ヨウ化物（MAPbI$_3$）も同様であり，その吸収特性は GaAs よりも短波長であるが，GaAs と同様の鋭い吸収の立ち上がり（直接遷移型半導体のバンドギャップ吸収）を持っているのが特徴である．また，ペロブスカイト太陽電池は，ペロブスカイト結晶の組成を変えることよってシリコンと同様な赤外までを吸収する能力がある．

　太陽電池材料が吸収できる光の波長の範囲は，太陽光から吸収できる光子の総数を決めることになる．図1.2には，太陽光輻射を，光子数分布のスペクトルとして表した．エネルギー分布（図1.1）と形が異なるのは，各波長の光子が持つエネルギー（量子エネルギー）が算入されていないためである．このように分布が広がる光子を吸収する集光能力すなわち吸収波長の窓の広さは，吸収できる光子数を決めることになり，光発電における電流値の大きさとなって現れる．結晶シリコンはその意味で，電流の出力値が十分に高い．一方，化合物半導体では，電流出力がより低い値に限られてくる．しかし，太陽電池の発電能力は，電流だけでなく電圧も決定要素となる．電流と電圧の積である電力（W）がエネルギー変換効率を決めるからだ．この電圧の最大値は，太陽電池に用いる光吸収材料のバンドギャップ（吸収端波長）に依存する．そして，電流に比べて，発電における大きなエネルギー損失を伴う因子でもあるので，その改善が重要

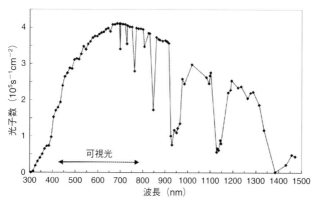

図 1.2　地上の太陽光輻射の光子数分布

となる．詳細については，後の章で解説しよう．

　このように，太陽電池の出力電力の最大値は，太陽光の光子数スペクトルと発電材料の光吸収特性を重ね合わせることによって見積もられる．言い換えれば，太陽光輻射スペクトルをデータとして知っておくことが必要であり，スペクトルの異なる条件，たとえば宇宙空間（AM＝0）や，地上での朝夕や曇天下のスペクトルでは，電力の最大値は変動する．そこで，太陽電池の性能の基本となるエネルギー変換効率について，一般的な評価には，AM1.5 の輻射スペクトル（光量 $1000\,\mathrm{W/m^2}$）を用いることが標準試験条件となっている．

コラム 1

太陽の輻射から取り出せる最大電力はどのくらい？

　地表に降り注ぐ太陽光の放射強度は，晴天時のエネルギーとして，約 $1\,\mathrm{kW/m^2}$ なので，このエネルギーを黒体ですべて吸収すればそこには 1 時間当たり $3600\,\mathrm{kJ/m^2}$ もの熱量が貯まることになる．しかし，この熱エネルギーを効率よく電力に変える技術はないため，光による発電が有力な手段となる．$1\,\mathrm{kW/m^2}$ の輻射に含まれる光子の数は毎秒およそ $3\times10^{21}/(\mathrm{m^2 \cdot s})$．これがすべて電子に変換されて電流を生じると，計算上およそ $480\,\mathrm{A/m^2}$ の電流となる．太陽スペクトルの赤外までを吸収するシリコン結晶半導体では $400\,\mathrm{A/m^2}$ を超える電流（短絡電流値）が生じるから，かなりの集光ができている．一方，有機系太陽電池では $800\,\mathrm{nm}$ までの可視光をすべて利用すると $260\,\mathrm{A/m^2}$ の電流を生じる．しかし，電流だけでは電力（W）は得られない．そこで，単一の光吸収体で，電圧がどこまで出るかが重要となる．紫外から $800\,\mathrm{nm}$ までの可視光をすべて吸収する "黒い" 材料を使うならば，最も低いエネルギーをもつ（最も長い波長の）$800\,\mathrm{nm}$ の光子エネルギーの $1.55\,\mathrm{eV}$ が電圧の限界となるので，電力としては $260\times1.55＝403\,\mathrm{W/m^2}$，約 $0.4\,\mathrm{kW}$ が理論限界となる．シリコンでは長波長の $1100\,\mathrm{nm}$（$1.12\,\mathrm{eV}$）までを吸収しおよそ $400\,\mathrm{A/m^2}$ が可能なので，$400\times1.13＝452\,\mathrm{W/m^2}$．いずれも $1\,\mathrm{m^2}$ 当たり $0.4\,\mathrm{kW}$ を超える電力となる．この試算は，吸収端の光子エネルギーが 100％電圧に反映されると，太陽光の変換効率が 40％以上になるとの仮

定であるが，エネルギー変換には必ず熱損失を伴う（熱力学第二法則）．電圧は
光子エネルギーのたかだか 8 割くらいまでしか取り出すことができない．たと
えば，1 m² 当たり 0.4 kW の半分くらいの 0.2 kW が得られることを想定する
と，家庭の最大消費電力 3 kW をカバーするには，太陽光を受け取る面積とし
て，少なくとも 15 m² が必要になる．実際に，これが住宅の屋根に載せる太陽
電池パネルの大きさに近い．

1.3　太陽電池の種類と特徴

　光エネルギーを電力に直接変換するデバイスの総称は，光発電デ
バイスあるいは光電変換デバイス（photovoltaic device, PV と略
す）であり，そのなかで太陽光発電を目的として作られるものを太陽
電池（solar cell）と称している．太陽電池の発明は 1954 年にさか
のぼり，米国のベル研究所が結晶シリコンの半導体を使って光発電
に成功し，およそ 6% のエネルギー変換効率を観測した（コラム 2）．
発明の数年後には，シリコン太陽電池は米国の宇宙衛星の電源に応
用され，その重要性が示された．現在も実用化している太陽電池の
主流はシリコン太陽電池でありそのエネルギー変換効率は 26% 以上
に届いているが，より安価で少量の材料を用いて作る高効率太陽電
池の創製を目的として，薄膜型の太陽電池が研究されてきた．表 1.1
には実用化している太陽電池の種類と変換効率をまとめた．

　薄膜太陽電池の中で，産業実用化しているものには，カルコパイ
ライト型結晶構造を持つ化合物半導体を用いる CIS（Cu-In-Se 化
合物系）太陽電池，CIGS（Cu-In-Ga-Se 化合物系）太陽電池，そ
してテルル化カドミウムを用いる CdTe 太陽電池がある．CdTe 太
陽電池は Cd の有害性から日本国内では生産と使用が行われていな
い．また，単一の半導体を用いる太陽電池として最も効率の高いの

表 1.1　太陽電池の主な種類と特徴そして変換効率

シリコン太陽電池
単結晶シリコン太陽電池：最も古くから使われシリコン単結晶を切り出したウエ 　　　　ハーを用い，厚さ 50〜200 μm，効率 26%
多結晶シリコン太陽電池：細かいシリコン結晶を集めたウエハーを用い安価で最 　　　　も普及している，効率 23%
薄膜シリコン太陽電池：真空蒸着法で作る非結晶（アモルファス）膜を用い，厚 　　　　さ 1 μm 程度，効率 14%
化合物半導体太陽電池
CIGS 系太陽電池：Cu, In, Ga, Se の元素からなる半導体の薄膜を用い，厚さ 　　　　数 μm，効率 24%
CdTe 太陽電池：CdTe の半導体の薄膜を用い，厚さ数 μm，効率 22%
GaAs 太陽電池：GaAs 半導体薄膜を用い，厚さ数 μm，効率 30%，宇宙用に 　　　　多く用いられる．
有機系およびハイブリッド系太陽電池
色素増感太陽電池：半導体に吸着する色素分子の増感光電流を発電に用いる光電 　　　　気化学セル，効率 13%
有機薄膜太陽電池：導電性高分子やフラーレンなどを混合した有機薄膜半導体の 　　　　薄膜を用いる，効率 19%
ペロブスカイト太陽電池：ハロゲン化ペロブスカイト半導体の薄膜を用いる，効 　　　　率 26%
量子ドット太陽電池：数十 nm 以下の無機化合物の量子ドットを規則的に並べた 　　　　薄膜を用いる，効率 18%

（効率は 2023 年 8 月における小型の実験セルを使った最高値）

は GaAs 太陽電池であり，さらに GaAs, InGaP, Ge などの薄膜を接合した 3 接合型高効率太陽電池は宇宙用に用いられている．一方，CZTS 型（Cu_2ZnSnS_4）太陽電池は安価で環境有害元素（Se 等）を含まない構造として研究開発段階にある．薄膜としてアモルファス（非結晶）シリコンを用いる太陽電池は結晶シリコンに比べて製造（真空工程）が高価となり効率も低いために屋外発電には実用化されておらず，電卓などの小型機器用電源として屋内用途が主流である．

これらの無機系半導体を使った太陽電池に対して，有機材料を発

電層に用いた太陽電池（有機系太陽電池）が活発に研究開発されて
きた．有機系太陽電池は，「化学で作る太陽電池」とも言われ，発電
材料を溶液塗工によって成膜できること，また，有機材料の化学合
成によって光吸収特性を変えられる自由度（カラフル性）があるこ
と，そして発電層を光学的透明体にできることが特長である．また，
プラスチックフィルムの電極基板などに低温条件で塗工することで
機械的にフレキシブルな構造を作ることができる．したがって，用
途においては太陽電池を曲面などに設置する，透明なフィルム太陽
電池を窓などに貼って両面発電を行うなどの応用が試みられている．
その代表的なものが，有機薄膜太陽電池（OPV）[1] と色素増感太
陽電池（DSSC）[2]，そして，本書で解説するペロブスカイト太陽
電池 [3, 4] である．図 1.1 には各種の太陽電池の分光感度特性を示
した．ここに OPV と DSSC は示していないが，可視光の領域（波
長＜ 800 nm）を主に吸収する点では非結晶シリコンなどに近く，合
成する有機材料（DSSC では色素）の吸収特性によってその分光感
度を様々に変えることができるのが特徴である．ペロブスカイト太
陽電池も可視光の領域を主に吸収するが，OPV や DSSC と異なる
のは，半導体特有の鋭いバンドギャップ吸収であり，その鋭い吸収
は GaAs や CdTe に似る．

　分光感度をもとに考察すると，太陽光エネルギーを電子（電流）と
電圧に変換する能力の限界がわかる．縦軸を光子数で示した図 1.2
の太陽光スペクトルに基づけば，可視光から赤外光まで吸収する c-Si
と CIS は，発電の電流値が大きい．しかし，吸収波長端が長波長に
なるほど，発電の電圧値が小さくなる．有機系太陽電池のように波
長 800 nm まで感度をもつ太陽電池を例に取ると，仮に 800 nm 以
下の光子がすべて量子効率 100％で電子に変換された場合，発電の
電流密度は理論的におよそ 26 mA cm^{-2} となる（実際の素子では光

の表面反射や透過による損失のためにこの値よりわずかに下がる）.
一方，電圧については，800 nm の光は 1.55 電子ボルト（eV）の光
子エネルギーを持つことから，理論限界値は 1.55 V となる．しか
し，実際の出力電圧はこれよりずっと小さくなる．

　太陽光発電の出力（W）は，電流（A）と電圧（V）の積である．
電流値は図 1.2 において光子数を吸収する集光量と，これを電子に
変換する量子効率によって決まる．一方，電圧は，発電材料（半導体
など）の吸収端波長に相当するエネルギー（eV）が理論上の最大値
となる．しかし，吸収端エネルギー（半導体のバンドギャップに相
当）がそのまま電圧となることはありえず，通常少なくとも 0.2 eV
程度の熱的損失を伴うことになる（エネルギー変化の不可逆則，コ
ラム 3 参照）．そして，太陽光スペクトルの紫外光から吸収端波長ま
での積算光子数がすべて電流に変換される（量子効率 100%）と仮
定したとき，この最大電流値に熱的なエネルギー損失を算入した最
大電圧をかけ合わせて得られる電力（W）が出力の理論的最大値と
なる（実際の素子では，最大出力（W）は素子の抵抗等の影響を受
けてこの理論値よりさらに 1 割以上小さい）．

　このように，吸収端エネルギーをもとに，単一の吸収材料（半導体
等）を用いた太陽電池の出力特性（電圧や変換効率）の理論最大値を
予測することができる．この最大値は Shockley–Queisser（ショッ
クレー・クワイサー，SQ）の理論限界と呼ばれる [3, 5]．図 1.3 はエ
ネルギー変換効率（25 ℃）について，SQ 限界の値をバンドギャッ
プ（E_g, eV）の関数として表したグラフである．SQ 限界の変換効
率は $E_g = 1.4$ eV（波長として 885 nm）付近で最大値約 33% に達
する．GaAs 半導体のバンドギャップ（1.42 eV）はこの最大値に近
い位置にあるため，単一の半導体として最も高い効率（> 28%）を
与える．SQ 限界の効率には 5% だけ届いていない．

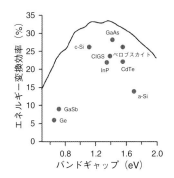

図 1.3 Shockley–Queisser 限界のエネルギー変換効率と半導体のバンドギャップの関係

　このように太陽電池は高効率で太陽エネルギーを利用しているが，一方でその製造には必ず環境負荷（電力使用）が伴う．これに対して環境負荷がゼロの光エネルギー変換を行うのが，自然界にあるバイオマスの光合成である．光合成は人工系で真似のできない量子効率が100%の光励起電子移動反応によって，水を酸化分解し，CO_2 を還元している．しかし，光合成系の効率は，エネルギー変換効率という尺度では，バンドギャップと電圧損失の考えに基づけば最大8%，実際にはわずか数%以下にとどまるのである（コラム4）．言い換えれば，人工的な太陽電池は，一定の環境負荷を伴うものの，光合成より圧倒的に効率が高い．

┌╴ コラム 2 ╶──────────────────────────────┐

世界初の太陽電池は 1954 年，宇宙に飛び立つ

物質に光を当てると「光起電力」が起こる現象は 1839 年にフランス人 A. E. Becquerel （ベクレル）によって発見された（ベクレル効果）．実用面で，発電といえるレベルの出力を実現したのは 1954 年．ベル研究所の Daryl Chapin, Calvin Fuller, Gerald Pearson らがシリコン結晶の PN 接合を使って観測した．これはトランジスタの研究過程において副産物のように発明され，太陽電池の開発を意図していたわけではなかったようだが，この発見が太陽電池の研究の先駆けとなった．Bell Solar Battery と名づけられたシリコン太陽光変換効率は 6%程度だったが，これが太陽電池を用いた最初の人工衛星ヴァンガード 1 号の打ち上げ（USA, 1958 年）につながった．その当時は，一次電池（銀–亜鉛電池）を用いた世界最初の人工衛星スプートニク 1 号（ソ連，1957 年）の電力が 3 週間の寿命しかなかったのに対し，ヴァンガードは 6 年以上も動作したのである．その後シリコン太陽電池は無人灯台など徐々に用途を拡大し，日本では 1960 年代に量産が開始された．シリコン太陽電池は市場のリーダーとして半世紀以上，実用に供しているわけだ．その最高効率（約 26%）に，いま，ペロブスカイト太陽電池の効率は届いている．

ヴァンガード 1 号 ［出典：アメリカ航空宇宙局（NASA）］

└──────────────────────────────────────┘

コラム 3

エネルギー変換には必ず熱損失を伴う

　熱力学の 3 つの法則は，いろいろな表現があるが，（1）エネルギーは変化しても総和量は変化しない（エネルギー保存則），（2）エネルギーが形を変える時には熱損失を伴う（エネルギー変化の不可逆則），そして（3）絶対ゼロ度を起点とするエントロピー増大の原理，である．ここで（2）がエネルギー変換の原則であり，すべてのエネルギー変換（熱→仕事，電力→光，光→電力など）には熱放出を伴わなければならない．この熱放出は，エネルギーがより高い状態 A からより低い状態 B へ形を変化するときに必要な勾配（くだり坂）のようなもの．この勾配なくして A が B に自発的に変化することはない．ところが，この熱放出が限りなく少ないのが，生物の活動である．ホタルの発光（化学エネルギー→光）は良い例である．動物（人間）の筋肉運動，思考活動もその例であり，これを人工系で真似することは不可能に近い．

コラム 4

光合成の太陽エネルギー変換効率はどのくらい？

　植物光合成は，人間が科学を尽くしても真似のできない完璧なエネルギー変換の世界であり，光合成のモデルに挑む「人工光合成」の研究が半世紀以上も活発に続いている．その注目すべき仕組みが量子効率 100% で起こる光子から電子への変換で，クロロフィル分子に吸収された光子はすべて励起電子を生じ，電子は損失なく酸化還元反応の電子移動系を伝わって最終的に NADP の還元，そしてグルコースの合成に使われている．光合成の初期過程は 2 種の反応中心クロロフィルが行う光励起電子移動（光学系 I, II）が直列につながった Z スキームと呼ばれる過程である．光学系 I, II はいずれも赤色の光を吸収し 1.8 eV のエネルギーを獲得するが，細胞膜をほぼ横断する距離の酸化還元電子移動を行う過程で，熱損失を生じる．結果的に 1.8 eV の光励起系を 2 基使って，水の理論分解

電圧に相当する 1.23 eV の電圧を獲得する. この間に, 電子数の損失はないが, 電圧の点では, バンドギャップが 1.8 eV の 2 つの半導体から 1.23 V を生じることで, 変換効率は 1/3 の縮小となる. また, 太陽光スペクトルの収集は可視光のみであり, クロロフィルの吸収波長の 700 nm (バンドギャップ 1.8 eV) より長波長の太陽光を吸収できない. ここで 1.8 eV の吸収端エネルギーは理論的に太陽光エネルギーの 24%に相当し, 76%を利用できない (図 1.3). 以上の状況から, 理論的には光合成の太陽光エネルギー変換効率は, 1/3×0.24＝0.08 の結果となり, 8%を超えることはない. 現実にはトウモロコシなどの生育の速い植物においても効率は数%程度と見積もられる [6]. 光合成は量子変換 (光子→電子) において完璧であるが, エネルギー変換という表現では, 人工的な太陽電池のほうがはるかに高効率であるということになる. とは言え, 環境の観点では光合成は環境負荷ゼロのエネルギー変換であり, 人工系は常に環境負荷を伴うことが評価の重要なポイントである.

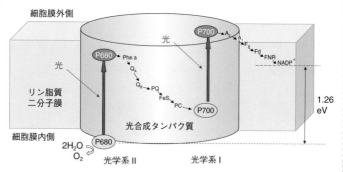

光合成反応において水分子の酸化から NADP$^+$ の還元に至るまでに獲得する電位差は 1.26 V, この電位差は水の分解電圧 (1.23 V) にほぼ相当する.

1.4　太陽電池のコスト

　太陽電池がサステナブルエネルギーとして低炭素社会に貢献するためには，高効率の発電能力だけでなく安価なコストも兼ね備えなければならない．太陽電池のモジュールを生産するメーカーでは，最大の発電能力（Wp）当たりの価格（価格／Wp）を安価にすることが低コスト化の戦略となっている．安価にすることは，原料コストと製造過程で消費するエネルギーを極力減らすことを意味する．この効果として太陽電池が生産する電力のコストも下がり，ユーザーにとって実用価値が高まる．電力のコストの尺度となるのは，発電システム全体を提供するためにかかる原料生産からシステムの廃棄までにかかるコストを，システムがその寿命の中で生産した総電力で割ったコスト（価格／kWh）である．このコストには，工場と生産設備の建設，生産にかかるランニングコスト（電気，水道など）や人件費などの全費用が含まれる．このコストは均等化発電原価（levelized cost of electricity：LCOE）と呼ばれ，発電にかかる費用を総合的に評価する指標となっており，太陽電池の評価にもLCOEの見積もりが一般的となっている．LCOEは，エンドユーザーが購入する太陽電池の電力の価格にはねかえるため，これを極力安価にした太陽電池が，化石燃料に換わるエネルギーとして貢献することになる．

　ところで，総発電量は効率だけでなく耐久寿命にも依存するため，LCOEは長寿命であるほど安価となる．仮に太陽電池の寿命を20年としてみると，1kWを発電するモジュールについて日本の環境では年間の発電量はおよそ1000kWhであるから，20年間で最大2万kWhの発電が期待できる．日常社会で，これまで電力の大部分を占めていた石炭火力の電力代は原価が12円/kWh程度である（電力

会社の小売値は約 30 円/kWh）．これより安い原価でクリーンな電力を太陽電池で得るためには，1 kW 発電能力のモジュールの価格を 20 万円以下としなければならないことがわかる．面積に換算すると，変換効率が 15% のモジュール（晴天下で 150 W/m^2 の発電能力）の場合は 1 kW 発電に約 6.7 m^2 が必要になるから，1 m^2 当たりの価格を 3 万円以下にすることになる．さらに生活の電力源として使うには，発電のモジュールのみでは不十分であり，出力を安定化するためのパワーコンディショナーや出力を自給自足の電力で貯めるための蓄電池などを組み合わせたシステムが必要になり，このシステムにはさらなるコストがかかる．

　環境負荷の観点ではどうだろうか．太陽電池は使用時には CO_2 排出はないが，生産と設置そして使用後の廃棄にいたるライフサイクルにおいてエネルギーを消費して CO_2 を発生する．風力や地熱発電と同様に自然エネルギーを利用する発電手段は，これらのエネルギー消費を考慮したライフサイクルアセスメントをもとに発電手段の環境上の真価とサステナビリティを評価する．この評価には，生産から廃棄までに消費するエネルギーを，太陽電池の発電によって回収するのにかかる時間（エネルギーペイバックタイム）が使われる．ペイバックタイムは太陽電池の発電能力（効率）が高く，生産が安価であるほど短い．シリコン結晶太陽電池では，このペイバックタイムを数年程度と見積もっているが，使用済みモジュールの廃棄と回収にコストがかかることが問題となってきており見直さなければならない．

　ペロブスカイト太陽電池は結晶シリコンの最高効率に届いており，その生産には，高温や真空を必要とせず，塗工法（印刷）を使うため設備とランニングコストが安い．ペロブスカイトの原料（鉛，ヨ

ウ素など）もほとんどが国内で調達できて安価である．とくにペロ
ブスカイト結晶に必須な元素であるヨウ素は，日本が世界の主要な
産出国であり（世界第 2 位の生産量），輸入する必要がない．安価な
原料によって，太陽電池に用いるペロブスカイト膜（厚さ $< 1\,\mu\mathrm{m}$）
のコストは $1\,\mathrm{m}^2$ 当たり数百円足らずである．周辺材料の電極基板
や封止材料などがより高価となるが，材料費と生産設備がかなり安
価となり，また使用済みのペロブスカイトは溶剤を使って回収が簡
単であるため廃棄と回収にかかる負担も小さい．この状況から，量
産によるコスト削減効果が出た時点では，電力コストを結晶シリコ
ンの半額程度に収めることができると期待される．先に述べたよう
に，電力コストの大小には総発電量が決め手になるため，耐久寿命
を高めることが太陽電池の実用化と普及に必須である．

第 2 章

ペロブスカイト太陽電池の発見と
先導研究

2.1　歴史的背景

　ペロブスカイト（Perovskite）は結晶構造の形に付けられた名称であり，材料がペロブスカイト構造をもつことを意味している [7]．その特徴については後の節で説明するが，その前にここでは研究の歴史に触れよう．

　ペロブスカイト型材料の発見は 1839 年にさかのぼる．ドイツ人の地質学者でありロシアで薬剤師として働いていた August Alexander Kämmerer が，ロシアのウラル山脈の緑泥石に富む岩で珍しい黒色の鉱物を発見した．そのサンプルをドイツ（プロイセン）の鉱物学者であり結晶学者である Gustav Rose に送って分析を依頼した結果，その鉱物がチタンとカルシウムからなる金属酸化物（$CaTiO_3$）であることがわかった（コラム 5）．そこで，当時ロシアの鉱物学者・コレクターであり皇帝のもとで要職を務めた Lev Aleksevich von Perovski（1792–1856）に敬意を表し，その鉱物をペロブスカイトと命名することになったと伝えられる．その後しばらくして，ペロブスカイト結晶を詳しく調べる研究が始まったが，$CaTiO_3$ 結晶が斜方晶系の対称構造をもつことが明らかになったのは 1912 年である．1922 年には Victor M. Goldschmidt が $CaTiO_3$ 顔料の最初の工業特許を取得した後，結晶の格子構造の安定性と歪みを数値で

示した許容因子（トレランスファクター：tolerance factor）の考え，いわゆる Goldschmidt 則を報告している（1926年）[8]．ペロブスカイトの発見と産業応用の歴史には多くのパイオニアがかかわっており，そのストーリーが総説にも紹介されている [9, 10]．

　$CaTiO_3$ の発見で始まったペロブスカイト結晶の研究は，金属の酸化物からなる結晶材料が一般的であり，多くの酸化物ペロブスカイトが特徴ある電子物性を持ち，産業用途につながっている．なかでもエレクトロニクス産業において広く用いられるのが極めて高い誘電率をもつことが特徴のチタン酸バリウム（$BaTiO_3$）である．強誘電材料（ferroelectric material）として誘電分極を生じる物性がセラミックコンデンサの蓄電材料として実用化されているほか，超伝導体，圧電（ピエゾ）素子，プロトン伝導体，燃料電池，メモリストレージデバイスなどの産業にも利用されている．このほか，$LiNbO_3$，$PbTiO_3$，$SrTiO_3$，$BiFeO_3$ などの金属酸化物ペロブスカイトも強誘電性のセラミックとして機能することが知られる．デバイス産業において，これらの酸化物ペロブスカイトは一般に高温の焼成工程によって製膜される．この点が，この本で紹介する太陽電池（光電変換）用のペロブスカイト材料と異なる点である．太陽電池用のペロブスカイトは酸素を含まないハロゲン化物であり，低温の溶液塗布法によって成膜ができる．酸化物ペロブスカイトのなかでも希少ではあるが，$BiFeO_3$ のような一部の材料は，強誘電性光起電力として知られる光電変換機能を示すことがわかっている [11]．しかし，酸化物ペロブスカイトは半導体としては大きなバンドギャップ（$> 2.5\,\mathrm{eV}$）をもつために，可視光を吸収する能力に乏しく，太陽光エネルギーの変換に適した半導体特性を示さない．これに対して，次の節で紹介するようにハロゲン化物のペロブスカイトは可視光を極めて強く吸収する物性を持つことが，太陽電池への応用を可能にしている．

コラム 5

鉱物学者を惹きつけた黒い光沢（灰チタン石）

　その正体は $CaTiO_3$ を含むペロブスカイト鉱石．$CaTiO_3$ 自体は無色透明の物質であるが，鉱石は不純物として多種の金属を含むことから褐色から黒色の色を呈し，ときには神秘的な金剛光沢をもつ．写真はペロブスカイト鉱石の例である．鉱物学者 Kämmerer は，1839 年に石灰岩（$CaCO_3$）などの炭酸塩岩に高温のマグマが接触してできた変成岩のなかにこの鉱石を見つけた．この鉱石は，鉱物学者・結晶学者 Rose により $CaTiO_3$ と同定された．地中の数十ギガパスカルを超える超高圧の環境では，原子が緻密に詰め込まれたペロブスカイト構造の鉱石が生じやすいことも知られる．結晶は直方晶系（orthorhombic）の格子構造を持ち，写真のように四角い結晶の自形が生じている．ペロブスカイト（Perovskite）の名の由来は鉱物学者 Perovski（ペロブスキー）であるが，ほかの多くの鉱物が同様に発見者や研究者の名を冠している．たとえば，ウルツァイト（Wurtzite, ウルツ鉱石）はフランスの化学者 Adolphe Wurtz（アドルフ・ウルツ）の名前をとっている．

$CaTiO_3$ の鉱石（左）と鉱物学者 Gustav Rose （右）

［出典：（左）http://www.mindat.org/photo-155026.html,
　　　　©Rob Lavinsky & iRocks.com – CC-BY-SA-3.0,
　　　　（右）https://commons.wikimedia.org/wiki/File:Gustav_Rose.jpg]

2.2 ハロゲン化ペロブスカイトの合成の黎明期

ペロブスカイト結晶の一般的な組成は ABX_3 で表される．当初発見された $CaTiO_3$ のような酸化物ペロブスカイトでは X が酸素であるが，ハロゲン化ペロブスカイト（halide perovskite）では，X がハロゲンのアニオン（陰イオン），A と B の元素はいずれもカチオン（陽イオン），B は金属のカチオンである．このようにイオン性の強い結晶構造であることが酸化物ペロブスカイトと大きく異なる．ハロゲン化ペロブスカイトは天然には存在しない．

このハロゲン化ペロブスカイトを合成しその組成が報告されたのは，$CaTiO_3$ の発見から半世紀もあとの 1890 年代である．Wells らはセシウム（Cs）などのアルカリ金属とハロゲン化鉛を溶かした溶液から晶析法によって $CsPbCl_3$, $CsPbBr_3$, $CsPbI_3$ などのアルカリ鉛ハロゲン化物を合成し，その組成を 1893 年にドイツの無機化学の学術誌に報告した [12]．Cs をアルカリカチオン，鉛を金属カチオンとする $CsPbBr_3$ や $CsPbI_3$ はあとの章でも紹介するように，高い光発電能力を持つペロブスカイト半導体であり，ペロブスカイト太陽電池の研究では比較的あとになって使われた材料でもある．Wells は合成物の光特性を調べていないが，ヨウ素（I），臭素（Br），塩素（Cl）などのハロゲンの化合物の溶液を原料に使ってハロゲンの種類の異なる $CsPbX_3$（X = Cl, Br, I）のペロブスカイト組成が合成できることを示した．これらの合成物の結晶がペロブスカイト構造を持つことが明らかになったのは，さらに半世紀以上も経過した 1957 年であり，デンマークの科学者 Christian Møller が X 線解析をもとに $CsPbBr_3$ が $CaTiO_3$ に似た直方晶系のペロブスカイト構造を持つことを明らかにした [13]．さらに，論文のタイトルにもなっているように [13]，Møller はこのオレンジ色に着色した臭化

物のペロブスカイトが光伝導性を持つ可能性も提案しており，これはハロゲン化ペロブスカイトの固体が半導体性を持つことを示唆するものである．

ハロゲン化鉛ペロブスカイトは溶液からの晶析で合成できることから，Cs の代わりに他の陽イオンを使用する実験も試みられ，このなかで見つかったのが Cs を有機化合物のカチオン（陽イオン）で置き換える方法である．Weber は，有機カチオンとしてメチルアンモニウム（$CH_3NH_3^+$）が Cs^+ を置き換えて $CH_3NH_3PbX_3$（X = Cl, Br, I）を形成することを見出した．さらに，この研究のなかで金属カチオン鉛をスズ（Sn^{2+}）に置き換えた材料も合成している．これらの材料の結晶について，格子定数等を計測して 1978 年に報告した [14]．こうして有機–無機ハイブリッド組成をもつハロゲン化鉛ペロブスカイトが誕生した．これがまさに優秀な半導体であり，太陽電池に用いると 20%以上の高いエネルギー変換効率を可能にする材料がこの時点で得られていたわけであるが，結晶学の分野での基礎研究であったため，光エネルギー変換や光エレクトロニクスへの応用は提案されていなかった．ペロブスカイトの発見から，合成そして産業応用にいたる歴史は，研究のバトンリレーとして面白い [10]．

有機カチオンがペロブスカイトの結晶を構成することがわかったことから，当時 IBM の研究員であった David Mitzi らはさらにサイズの異なる多くの有機化合物を使ったハロゲン化ペロブスカイトの合成と評価に挑んだ．現在まで研究に使用されているほとんどの有機無機ハロゲン化ペロブスカイト材料は Mitzi が提案してきたものであり，したがって Mitzi が材料設計の点でこの研究分野を開拓した功績は極めて大きい．多種多様な材料の中で，とくに Mitzi が注目したのは，サイズの大きな有機基が結合したペロブスカイトにおいて，結晶中の有機と無機の部分が 2 層に分かれた層状の構造を

自己組織的に形成することである．このような層状の分子構造をも
つペロブスカイトは，二次元 (2D) 結晶として特徴づけることがで
きる [15, 16]．これに対して，Cs や CH_3NH_3 のような小さいカチ
オンが結合した一般のペロブスカイトは等方的な三次元 (3D) 結晶
である．2D は配列が異方性をもつことから 3D とは物性が大きく
異なり，また学術的にもユニークな性質を示すために，2D ペロブス
カイトなどの低次元の結晶の研究が 3D より先に進んだという背景
がある．ペロブスカイト結晶の薄膜を形成したときに，3D ペロブス
カイトは等方的な導電性を示すが，2D ペロブスカイト結晶では有機
基が作る層が電気的に絶縁性であるために，無機層（$CH_3NH_3PbI_3$
では PbI_2 層）の並んだ方向のみに由来する導電特性を示す．

　このように導電性が異方性をもつことは光電変換にとっては多少
不利にはたらくが，一方で，層状構造が持つ量子閉じ込め効果によっ
て鋭い発光が得られることが 3D にない特徴となる．2D ペロブス
カイトでは光励起によって生じる電子と正孔が緩く結合した励起子
（エキシトン，exciton）を形成し，この励起子の緩和による強い発光
が起こる [17]．この光吸収と発光は狭い波長幅で起こり，発光は鋭
い単色光であるために，光通信用の材料や発光素子などの光エレク
トロニクス素子への応用にとって有利な特性を提供する．この研究
は，わが国において，1989 年には石原らが層状構造をもつ 2D ペロ
ブスカイトを半導体として扱いその励起子を研究したことで始まっ
た [18]．1990 年代後半には国家研究プログラム（JST–CREST）の
テーマとして東京大学と上智大学などが推進し，自己組織化で形成
する量子閉じ込めペロブスカイト構造の研究開発が始まった．この
なかで材料の示す光物性を非線形光学材料や LED 素子などへ産業
応用する可能性も調べられている [19]（コラム 6）．

　以上のように，歴史的には 19 世紀末の Wells の研究に始まったハ

ロゲン化ペロブスカイトの研究は，20世紀末のMitziや石原による
有機無機ペロブスカイトの研究を経て，わが国の国家プロジェクト
が産業応用に向けた研究を展開している．しかし，ペロブスカイト
材料を光エネルギー変換に使う展開には至らなかった．これは，2D
ペロブスカイトのように狭く鋭い波長幅で光吸収をする特性は光学
素子には適するが，広い波長で光を集める太陽電池に求められる特性
とは相反するためである．一方で，Møllerが1957年にはCsPbBr$_3$
などの材料が光導電性をもつことを論文で言及している．まさに最
初の太陽電池（シリコン半導体）が1954年にベル研究所から発表さ
れた数年後である．しかし，その後半世紀以上の間，CsPbBr$_3$を光
電変換へ応用する試みがなかったことは科学の歴史において不思議
ともとらえられる．これは，ハロゲンが組成に入ったようなイオン
結晶（イオン伝導材料）を半導体として光電応答に使う可能性に対
して，研究者が興味を持たなかったためであろう．しかし，ハロゲ
ンを組成に持つ半導体としては，ハロゲン化銀が知られる．ハロゲ
ン化銀（通称，銀塩）は写真の感光材料に用いられて，その光物性の
研究は長い歴史がある．このハロゲン化銀とハロゲン化鉛ペロブス
カイトの間にはイオン結晶性や感光性という点で類似性がある．ハ
ロゲン化銀結晶についてもあとの節で紹介しよう（第3章3.2節）．

-----**コラム 6**-----

二次元ペロブスカイトの研究（日本，1989-2002）

　1970年代に最初に合成された有機無機複合ペロブスカイト（MAPbI$_3$）は，
有機基のサイズをいろいろ変える研究に展開した．IBMの研究員，David Mitzi
（現Duke大学教授）は長鎖アルキル基（R）を導入した様々なハロゲン化ペロ
ブスカイトRPbX$_3$（X=I, Br）を合成しその光物性を調べた一人である．その
ころ日本でも，科学技術振興事業団（JST）のプロジェクト（CREST）で同様に

有機基のサイズを変えたペロブスカイトを合成しその薄膜を作る研究が始まって
いた．これらのペロブスカイトは有機基のサイズが大きくなると，有機基と無機
基（PbI_2）がそれぞれ分離した層状化合物となる．太陽電池に使う $MAPbI_3$ な
どの三次元（3D）結晶に対して，これらを二次元（2D）ペロブスカイトあるい
は 2D ペロブスカイト結晶と特徴づけた．この 2D ペロブスカイトを半導体と
特徴づけたのが石原照也博士（東北大教授）．（$C_{10}H_{21}NH_3)_2PbI_4$ などを使っ
た光物性の研究を報告（1989 年）[18]，ハロゲン化ペロブスカイト半導体のさ
きがけといえる．光物性の特徴は，電子伝導を持つ無機層の量子閉じ込め効果が
起こす励起子（exiton）による強い光吸収と発光である．そうなると応用は，発
光素子，非線形光学材料などのオプトエレクトロニクス．当時は 3D ペロブスカ
イトは注目されず，エネルギーへの応用は考えつかなかった．しかし，今，この
2D ペロブスカイトが 3D 結晶の欠陥のパッシベーション（passivation）など
に活用され，太陽電池の高性能化に役立っているのである（第 6 章 6.3 節）．

二次元ペロブスカイト結晶の例（$(n\text{-}C_6H_{13}NH_3)_2FAPb_2I_7$）

2.3 ペロブスカイト太陽電池の発見の背景

　豊かな光物性を持つペロブスカイトを発光素子でなく，光発電に
応用しようとしたきっかけは，2D ペロブスカイトのもつ発光特性を
研究開発する国家プロジェクト（コラム 6）が関係している．筆者
が桐蔭横浜大学において 2004 年に設立したベンチャー企業（ペク

セル・テクノロジーズ社）に公募で採用した研究者（手島健次郎博士）が，前職の東京工芸大学でこのプロジェクトの実験にかかわっていたからだ．当時，筆者らのグループは色素増感太陽電池（DSSC）[2] の高効率化が研究テーマであった（コラム 7）．これは筆者が大学院生時代から行ってきた半導体の色素増感反応 [20] を使った光エネルギー変換であり，酸化還元電解液を電荷輸送に用いる電気化学セルである．この DSSC に関心を持ったのが，手島博士が大学で指導していた大学院生の小島陽広君（現博士）であり，彼は色素に換えてペロブスカイトナノ結晶を増感剤に使うことに興味を持ち，桐蔭横浜大学に来て筆者らと共同で実験をすることになった．2005 年のことである．

　DSSC の TiO_2 メソポーラス電極の表面に，メチルアンモニウム鉛ハロゲン化物（$MAPbI_3$, $MAPbBr_3$）の合成用前駆体溶液を添加して $MAPbI_3$ 結晶を析出させ，これを量子ドット増感剤のように機能させることを期待していた．ペロブスカイト増感 TiO_2 電極をハロゲン化カリウムの有機電解液に接合して作った光電気化学セルに光照射したところ，電流応答が観測されたが，ペロブスカイトが極めて薄い膜のために応答が小さく，また，電解液にペロブスカイト結晶が溶出するために，セルは短時間しかもたなかった．このセルの作製条件を最適化し，効率をなんとか 4% 近くまで改善し論文に出版したのが 2009 年である [21]．この論文でハロゲンをヨウ素から臭素に変えると光電流の応答波長が大きく短波長にシフトすることも示した．これがペロブスカイト太陽電池のさきがけの論文となったが，ほとんど引用されなかったのは，低効率であり不安定であるためである．このセル作りの再現性を試みたのは唯一，韓国の研究者 Nam Gyu Park である．なぜなら，彼の学生時代の博士論文のテーマがペロブスカイト材料であったからだ．こうして効率は

6.5%まで向上した [22].

コラム7

色素増感太陽電池とは

　ペロブスカイト太陽電池の発明はこの色素増感太陽電池（DSSC）の応用がきっかけであった．DSSCがペロブスカイト太陽電池と異なるのは，液体電解液を使う電気化学セルであり，純粋な化学のセルである点である．歴史的には半導体電極の色素増感の研究は，「光電気化学」の分野のさきがけとしてドイツで1960年代に始まった．もともとは写真の銀塩の色素増感の技術 [20] が，TiO_2などのn型半導体に応用できることがわかった．半導体の表面に吸着した色素分子を光励起すると半導体電極に電子が注入され，酸化された色素は電解液中の還元剤（ヨウ化物イオン）で還元再生される．この光増感に当初使われたのが何と光合成のクロロフィル分子［コラム4］[23]．人工光合成のさきがけとも言える．クロロフィルは不溶性の単分子膜として電極に被覆できる．そこで筆者はこの単分子膜からの電子注入効率を高める方法を提案，当時最高の量子効率を達成できた [24, 25]．しかし光照射で流れる光電流はとても小さく，なぜなら電極表面に接する分子の1層（単分子膜）しか電子注入できないからだ．これを解

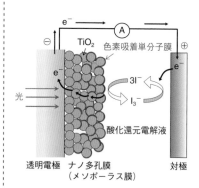

色素増感太陽電池の構造と発電の原理，写真はプラスチックフィルム基板上に作ったフレキシブルな DSSC モジュール

決したのが，Michael Grätzel（ミカエル・グレッツェル，スイス連邦工科大学）である．表面積の大きい TiO$_2$ のナノ多孔膜に色素分子を吸着することで光吸収量を何桁も上げたのである [2, 26]．こうしてできた DSSC（グレッツェル太陽電池とも呼ばれる）は変換効率を 14％以上に上げるまでに進化した [27]．筆者らはこの DSSC をプラスチックフィルム電極基板に作ることで，曲げられるフレキシブルな太陽電池モジュールを開発していた．この技術が結局，ペロブスカト太陽電池をフレキシブルにする方法（第 8 章 8.1 節）にもつながったわけである．

　転機が訪れたのは，桐蔭横浜大学出身の村上拓郎博士（現 産業技術総合研究所）がポスドクとしてスイスのローザンヌ連邦工科大学（EPFL）に行き，若い Henry Snaith 博士と知り合ったことである．Snaith 博士は，ヨウ素系電解液に換えて有機の正孔輸送材料を使った DSSC の固体化に挑んでいた．しかし，固体化 DSSC の効率は低いままであった．そこで，村上博士からペロブスカイトの研究を知った彼は，有機正孔輸送材料（spiro-OMeTAD）をペロブスカイトに応用することを計画し，EPFL から移って母国の英国 Oxford 大学の教員となったのちに，自分の指導する学生（Mike Lee 博士）を桐蔭横浜大学に 3 か月送ってペロブスカイトの成膜方法を学ばせた．これがきっかけとなって，固体化したペロブスカイトセルの効率が最終的に 10％を超えるまで改善したのである [28]（コラム 8）．筆者らは化学者であるが，Snaith は物理学者であったために，ペロブスカイトを量子ドットとして用いずに固体の半導体として厚い膜で扱った実験が成功したのである．効率が 10％を超え，電解液の溶出の問題もなくなったことで，高効率化の研究が一気に世界に波及し，10 年ほどの短い期間の研究で効率は 26％以上まで高まった（コラム 9）．この高効率を可能にしたのが，ハロゲン化ペロブスカイト

半導体の優れた固体物性，優れた光電変換特性である．以上のペロ
ブスカイト太陽電池発見に至る研究の背景とペロブスカイト材料の
あらすじについては，筆者の自伝にも解説してある [29]．

コラム8

ペロブスカイト太陽電池の発見につながった研究者の交流

ペロブスカイト太陽電池が最終的に 10％を超える効率（世界が追試を始める
効率）を出すまでには，7 人以上の研究者が順番にかかわっている．発見から
10％効率達成までは人のつながりが導いた結果で，誰一人欠けても日本発のペロ
ブスカイト太陽電池はおそらく現れなかっただろう [29]．筆者と日本側の 3 人
は化学者，英国側は物理学者であり，異分野の融合が成功につながった．しかも
Mike Lee が実験で 10％の可能性を見出したのは，本命の材料構成ではなく，
低効率を予想した比較サンプル（TiO_2 に代えて Al_2O_3 を使ったセル）であった
こと，そして濃度設定を間違えて作ったセルであったことがセレンディピティの
点で面白い．

┣━┫コラム┃9┃

急進したペロブスカイト太陽電池の研究と効率

　2012 年に変換効率が 10%を超えると，ペロブスカイト太陽電池の研究に世界が注目し，研究が全世界的に広がるスイッチが入った．研究の追試はヨーロッパと中国に始まり，アメリカ，オーストラリア，サウジアラビアなどを経てロシアや南米，インドまで世界各国に広がった．効率の認証値は，太陽電池研究では前例のないスピードで 25%以上まで上り詰めた．現在まで 4 万件近い論文が発表され，4 万人を超える研究者がペロブスカイトの光物性や光電変換の研究にかかわっていると推定される．ペロブスカイト太陽電池の単セルの変換効率は2023 年 6 月の時点で 26%に届き，ペロブスカイトとシリコンのタンデムセルでは 34%近くに達してまだ上がり続けている．

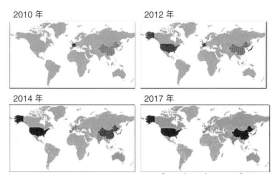

研究機関の分布の広がるようす（Clarivate Analytics 調査，2017 年 9 月）

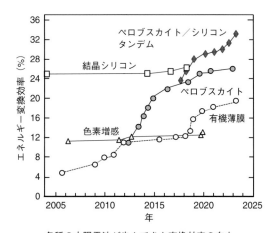

各種の太陽電池が歩んできた変換効率の向上
太陽電池の認証された効率値は，米国の国立再生可能エ
ネルギー研究所（NREL）のホームページで閲覧できる
［https://www.nrel.gov/pv/assets/pdfs/best-research-cell-
efficiencies.20190802.pdf］

第3章

ハロゲン化ペロブスカイト結晶の光物性

3.1　ハロゲン化ペロブスカイト結晶の構造

　ABX_3 で表されるハロゲン化ペロブスカイト組成において，A は 1 価のカチオン，B は 2 価の金属カチオンであり，これらが X のハロゲンアニオンとのイオン結合で結晶を形成している．前の章では X が 2 価の酸素（O^{2-}）である酸化物ペロブスカイトについて紹介したが，光電変換に優れる半導体の電子物性を持つものは，このハロゲン化ペロブスカイトなのである．電気陰性度の大きいハロゲンイオンによってイオン導電性をもち，結晶中ではハロゲンイオンが結晶格子間を移動する拡散も起こる．このようにイオン結晶性の強いハロゲン化物が，半導体として優れた電子物性を示すことは意外であり，注目に値する．

　図 3.1 には結晶構造を描いた．陽イオンと陰イオンが交互に配列するイオン結晶では，正負の電荷が全体として打ち消し合って電気的中性条件が満たされなければならない．ポーリングは，陽イオンの価数を陽イオンに配位する陰イオンの数で割って得られる静電的結合強度の総和が，陰イオンの価数に等しいとき，結晶の構造が安定化されると表現した（静電原子価則）．ABX_3 構造のペロブスカイトでは，A（陽）イオンと X（陰）イオンが立方体の面心格子を形成し，X イオンの作る八面体の中に B（陽）イオンが位置する．

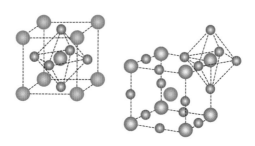

A：カチオン（有機の $CH_3NH_3^+$，無機の Cs^+ など）

B：金属のカチオン（Pb^{2+}，Sn^{2+} など）

X：ハロゲンのアニオン（I^-，Br^-，Cl^-）

図 3.1　ハロゲン化金属ペロブスカイトの結晶構造

立体的には，A イオンには X イオンの 12 個が取り囲みクーロン引力をもって配位しており，B イオンには X イオンの 6 個が配位している．A の結合強度は，（電荷数 1）/（配位数 12）＝ 1/12，B の結合強度は，（電荷数 2）/（配位数 6）＝ 1/3 となり，ここで 1 個の X（陰）イオンには 4 個の A イオンと 2 個の B イオンが配位しているから，結合強度を合計すると $(1/12) \times 4 = 1/3$, $(1/3) \times 2 = 2/3$ の和は +1 となる．これは X イオンの電荷数 −1 とつり合う．このように多種類のイオンが配位する多面体においては，局所的な電荷中和を保つことで構造が安定化されている．そのために，イオン間の距離や配位数のゆらぎを含めたわずかな構造のひずみが，結晶の立体構造を変えることにつながることが想像できよう [30]．

　ここで，静電的な因子のほかに，結晶の格子構造の安定性を原子やイオンのサイズの点において見積もることも重要である．これを測る因子が，Goldschmidt 則 [8] として知られる許容因子（tolerance factor, t）である．

$$t = \frac{r_A + r_X}{\sqrt{2}(r_B + r_X)} \tag{3.1}$$

ここで r_A と r_B は ABX_3 構造における A イオンと B イオンの半径，r_X は X イオンの半径であり，t 値は結晶格子構造の中でイオンがどのくらい密に詰まっているかを表す指標となる．ペロブスカイト結晶の t 値は通常 0.8～1.0 であり，この範囲を超えると常温では ABX_3 構造が不安定となる．イオンの充填密度が高い理想的な ABX_3 の結晶形は立方晶（cubic）であり，$t = 0.95$～1.0 の場合に立方晶となる．それよりも小さい場合には構造が立方体から多少歪む結果，正方晶（tetragonal）をとる傾向がある．

太陽電池に用いられるペロブスカイトは可視光を吸収する光物性を持つために褐色から黒色を示す．なかでも代表的な有機無機ハイブリッド組成のペロブスカイトであるヨウ化メチルアンモニウム鉛（$CH_3NH_3PbI_3$）は 800 nm までの波長を光吸収して黒色を呈している．この $CH_3NH_3PbI_3$ の結晶は有機カチオン（$CH_3NH_3^+$, MA と略す）のサイズがやや小さく，t 値は 0.9 程度となる．そのため室温では結晶形がややひずんだ正方晶となり，高温でイオンの振動が増すと t 値が増えて立方晶に転ずる [30]．ほかの例として，すべてが無機イオンの組成である $CsPbI_3$ も太陽電池によく使われるが，この $CsPbI_3$ では Cs のサイズが小さいために t 値がさらに小さくなり，室温では直方晶系（orthorhombic）の非ペロブスカイト結晶（δ 型 $CsPbI_3$）となり，300 ℃以上で立方晶に転ずる [31]．δ-$CsPbI_3$ は PbI_2 に由来する黄色を呈しており，効率的な光電変換には役立たない．MA よりサイズの大きいホルムアミジニウム（$HC(NH_2)_2^+$, FA と略す）をカチオンとするペロブスカイトは t 値が 1 に近く室温で立方晶を形成できる．しかし t 値が立方晶の限界に近いために不安定であり，非ペロブスカイトの δ 型結晶（黄色）に転じやすい

[30, 32]. そこで，MA と FA を混合することで t 値を 0.95 前後に調節する方法が結晶安定性を高めることがわかり，これを使った太陽電池も作られている．

　図 3.2 には，ヨウ素を用いる $APbI_3$ のペロブスカイト結晶について，A サイトのカチオンのサイズが許容因子（t 値）に与える影響を示した [4]．これを見ると，安定なペロブスカイト結晶の組成が限られることがわかる．t 値は，A サイトカチオンのサイズのみならず，X サイトのハロゲンを変える（あるいは混合する）ことによっても調節することができる．このために，A サイトと X サイトの両方の組成を変えて t 値が最適となるようなペロブスカイトを合成する．

　A カチオンと X アニオンを混合にして t 値を調整し組成を安定化した例としては，Cs, MA, FA の 3 種カチオン混合 [33]，Rb, Cs, MA, FA の 4 種カチオン混合 [34, 35]，あるいは耐熱性の弱い MA を除いた Rb, Cs, FA の 3 種カチオン混合 [36] に I と Br の混合ハ

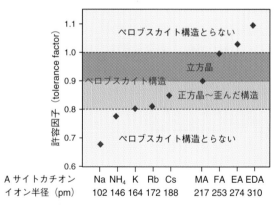

図 3.2　ヨウ化ペロブスカイト結晶（$APbI_3$）における A サイトカチオンのサイズと許容因子の関係

ロゲンを組み合わせたペロブスカイト組成が研究されてきた．すでに述べたように，FA 単独をカチオンとする FAPbI$_3$ は室温で不安定であるが，耐熱性の点では FA が MA より高い．そのため，実用化に向けたセル開発では MA を含まない FA を基本とする組成を使う傾向が多い．この場合，FA に Cs を混合すること（Cs$_x$FA$_{1-x}$PbI$_3$）によって結晶の安定性が大きく向上することがわかっている．

　B サイトについては 2 価の Pb のすべてあるいは一部を 2 価の Sn に置き換えたバンドギャップのより小さいペロブスカイトも合成されている．Sn のみからなる組成は，Sn の 2 価が酸化されやすいために結晶が不安定であるが，Pb と Sn を混合した組成は比較的高い安定性をもつ [37]．Sn からなるペロブスカイトでは吸収を大きく赤外光までシフトできることから，赤外光まで長波長吸収するペロブスカイトの設計には Sn が不可欠となる．とくにタンデムセルの設計（第 6 章 6.8 節）では，狭いバンドギャップをもつセルとしてこの赤外吸収型ペロブスカイトが用いられる．以上のように Pb 系もしくは Sn 系のペロブスカイト結晶が，ペロブスカイト太陽電池では高い効率を与える半導体として使われる．

3.2　ユニークな電子構造と優れた光物性

　イオン結晶としての強い性質をもちながら優れた半導体としてふるまうことがハロゲン化鉛ペロブスカイトの注目すべき点である．その例として，CH$_3$NH$_3$PbI$_3$（MAPbI$_3$）は最も標準的なペロブスカイトである．光吸収によって生じた励起電子はシリコンや GaAs などの無機半導体材料と同様に安定な自由電子となって結晶内を長距離に移動する．これは，有機物を含む感光性材料が光励起でエキシトン（exciton，電子と正孔がクーロン的に束縛された状態）を生

成して，電荷が移動するのとは異なり，ペロブスカイトは自由電子
（free carrier）半導体のようにふるまう．図 3.3 に MAPbI₃ の電子
構造と半導体としてのバンドギャップを示した [38]．有機カチオン
はペロブスカイトの光吸収特性に影響を与えるが電子機能の発現に
はかかわっておらず，電子機能は無機元素のハロゲン化鉛の電子軌
道に由来する．半導体の価電子帯（VB）と伝導帯（CB）を形成す
るのはそれぞれ Pb の s 軌道と p 軌道である．これは GaAs 半導体
の VB と CB がそれぞれ主に p 軌道と s 軌道からなる関係とちょ
うど真逆である．バンドの電子軌道は GaAs の場合と同様に CB の
底と VB の頂点が同じ波数ベクトル上にあって対称性が高く，した
がって光励起によって起こる VB から CB への電子遷移は，直接遷
移となる．この直接遷移型の光吸収がペロブスカイト結晶の持つ高

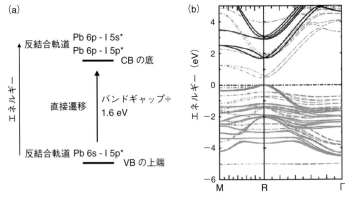

図 3.3　CH₃NH₃PbI₃ のバンドギャップの電子構造．（b）は計算に基づく電
子構造 [40] で，ゼロは価電子帯の最大値を示し，実線はスピン軌道相
互作用を考慮した GW 近似の計算結果，破線は考慮しない計算結果を
表す．

い吸光係数（$10^5\,\mathrm{cm}^{-1}$）と鋭いバンドギャップ吸収の立ち上がりに
つながっている．この吸光係数によって $1\,\mu\mathrm{m}$ に満たない薄い膜で
も入射する可視光をほとんど吸収できる．

　さらに電子構造に特徴的なのは，VB と CB がどちらも反結合性
の電子軌道からなっている点であり，これが，結晶構造に生じる欠
陥が電子などのキャリアを捕獲して移動を妨げるというエネルギー
変換にマイナスな現象を小さくする効果につながっている．この効
果は，ハロゲン化ペロブスカイトの「欠陥寛容性」（欠陥の影響に対
する光物性の安定性）として知られている [39]．具体的には，CB の
底は Pb の 6p 軌道と I の 5p 軌道からなる Pb 6p-I 5p の反結合
性軌道であり，VB の上端は Pb の 6s 軌道と I の 5p 軌道による反
結合性 Pb 6s-I 5p 軌道であり，この状況でたとえば I^- を欠損し
たイオン欠陥は CB の底に近いレベルに生じ，Pb^{2+} を欠損した欠
陥は VB に近いレベルに形成される．したがって，イオン欠陥がバ
ンドギャップの深くにトラップを生じるような他の半導体（GaAs,
CdSe など）と異なり，ペロブスカイトの欠陥は，バンド内あるいは
バンド近くの浅いトラップとして生じる．浅いトラップにつかまっ
たキャリアは，室温で簡単に抜け出て電流発生に寄与できる．この
ような電子構造の特徴が欠陥寛容性の根拠となっているわけである．
この効果に加えて，結晶を構成するイオンが，移動する電子と正孔
を取り囲み，これらが静電的に引きつけあって再結合する現象を遮
蔽している効果（静電スクリーニング効果）も大きいと考えられる．
図 3.4 には，バンド構造のなかに生じる欠陥のエネルギー準位を，
GaAs とペロブスカイトを比較して示した [39]．ペロブスカイトに
生じる欠陥トラップは浅いため，その影響が小さい状況がわかる．

　このように，ペロブスカイト半導体のもつユニークな欠陥寛容性

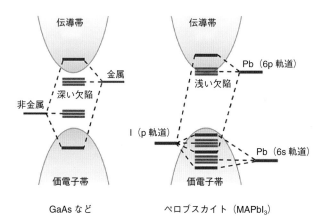

図3.4 半導体のバンド構造中に生じる欠陥のエネルギー順位．GaAs などの
化合物半導体とペロブスカイト（MAPbI₃）の比較 [39]

を可能にしているのは，鉛のもつ電子軌道である．この鉛を置き換
える候補としてほかの多くの金属カチオンも研究されてきた．その
なかでも鉛に近い光物性を示すものがスズ（Sn）である [3, 37]．し
かし，それ以外の金属については，鉛やスズに近い物性をもつ可能
性が計算や理論では提案されているが，実験では見つかっていない
のが現状である（第7章）．逆に，鉛の示す素晴らしい性質が浮き彫
りになっている．

ハロゲン化ペロブスカイト半導体のバンドギャップと光吸収の末端
波長は，ハロゲンの組成を変えることによって自在に調節できる．こ
のようにバンドギャップを調節できることは光物性を改良するうえで
大きな魅力である．吸収波長は Cl→Br→I の順により長波長にシフ
トし，バンドギャップのエネルギー（E_g）は，MAPbCl₃, MAPbBr₃,
MAPbI₃ がそれぞれ 2.9 eV, 2.30–2.35 eV, 1.55–1.60 eV となり，

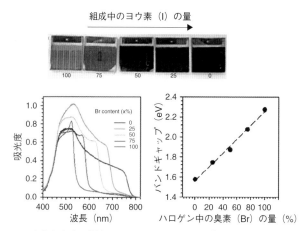

組成中のヨウ素（I）の量

図 3.5　ヨウ素と臭素の混合ハロゲンからなるペロブスカイト，MAPbX$_3$ の光吸収特性

　また，2 種のハロゲンを混合するとハロゲン組成とともに E_g が連続的にシフトする．図 3.5 のように，ヨウ素/臭素の混合系の MAPb(Br$_x$I$_{1-x}$)$_3$ が示す E_g 値はハロゲン組成比に対して直線的に変化する [41]．FAPb(Br$_{1-y}$I$_y$)$_3$ も同様な変化を示す．この連続的な変化は，ハロゲン組成が均一に混合した固溶体の結晶が形成されることを示している．

　このようにハロゲン組成によって光物性が変わるイオン結晶半導体はペロブスカイトが特別ではない．代表的なものはハロゲン化銀（AgX, X = I, Br, Cl）の結晶，すなわち写真用の感光材料である．ハロゲン化銀も可視光を吸収して光電子を発生し，その E_g 値がハロゲン組成で大きく変化する．ペロブスカイトと同様，ハロゲン化銀も溶液からの晶析で粒子を作り，粒子形やサイズ分布などの制御には，化学の高いノウハウが関わっている（コラム 10）．

コラム10

ハロゲン化銀とペロブスカイトは近い仲間

　ハロゲンからなるイオン結晶の微粒子は化学の晶析法の技術を極めて作る点で，まさに化学のノウハウが活躍する分野である．その典型が，写真感光材料のハロゲン化銀の結晶．粒子の形やサイズを変えて，単分散のサイズ分布を作ることが，高感度の写真の開発につながる．たとえば受光面積の大きい平板状の粒子は，高 ISO 感度の感材に使われる．ハロゲンを変えると，AgI は E_g 値が 2.8 eV，AgBr はずっと大きく 4.3 eV，AgCl はさらに大きい．この序列も，ペロブスカイトと同じである．AgI は MAPbI$_3$ と同様な直接遷移型であり n 型半導体としての物性を持つ．その光励起電子はバルクのイオン結晶の中で 1 mm 以上の距離を拡散すると考えられる．しかし，ハロゲン化銀では格子間 Ag イオンによる光電子のトラップ（いわゆる潜像形成）が起こるために光電変換の応用には適さない．写真ではこれらの銀塩を色素増感することで光吸収能力を高め，実用の感度を高めている [20]．ところで，銀はペロブスカイトの鉛と違って高価である．そこで，銀に代わる鉛系の感光材料としてハロゲン化鉛（PbI$_2$）が提案されたこともある（1964 年）[42]．このようにハロゲン化鉛はそもそも感光性をもっているわけであり，これに有機カチオンが加わってハロゲン化ペロブスカイト太陽電池への応用まで進化してきたとも言えるのである．

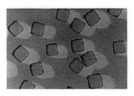 

ハロゲン化銀の単結晶の粒子，左は立方体（AgCl），右は平板状（AgBr$_{1-x}$I$_x$）[43]

　ペロブスカイトのもつ欠陥寛容性の高さが優れた光物性として現れるものが発光の強さである．MAPbX$_3$（X = Cl, Br, I）は室温においても光励起下で高い量子効率で発光する．MAPbBr$_3$ の結晶のナノ粒子は光吸収すると鮮やかな緑色に，MAPbI$_3$ はより長波長の赤褐色に，いずれも 80%近い高い量子効率で発光する．その高効率で安定な発光はレーザーに応用する研究開発にもつながっている [44]．筆者らもペロブスカイト太陽電池の研究を始めた当初，MAPbBr$_3$ の結晶が，大気中，室温で溶液成膜をする過程で，塗布した溶媒が揮発し結晶化が始まった直後に発光する現象を発見した（図 3.6）[45]．強い発光は光励起で生じた電子と正孔が長時間安定で，熱的に失活しないことを示す現象である．

　光物性の論理では「光発電に優良な半導体は良く光る」と言われる（コラム 11）．ペロブスカイトそして GaAs はまさに良い例であり，両者は E$_g$ 値から取り出せる光発電の最大電圧（開回路電圧，第 5 章 5.1）が高い点でも共通している．これに対して，結晶シリコンや CdS, CdSe など II–VI 族，GaN などの III–V 族化合物の半導体では，室温での発光効率は数十%と低いため，ペロブスカイト半導体の発光効率の高さは特異である．この高い発光効率は光発電において，とくに電圧を高める能力と理論的に関係している．このよ

図 3.6　MAPbBr$_3$ の回転塗布成膜工程（UV 光に露光）において，結晶化と同時に観測される鮮やかな緑色の発光 [45]

うなハロゲン化ペロブスカイトの薄膜がもつ発光能力は，発光素子（LED）の開発に応用されており（コラム 12），結晶のハロゲン組成を変えることで，様々な色に発光するペロブスカイト LED が作られている [3].

コラム11

良く光る材料は高い発電効率をもつ

　LED として良く光る半導体は，光励起状態が長寿命で熱への失活（non-radiative recombination）が小さいという物性を持っている．その典型が GaAs．発光の量子効率は 100％に近く，吸収波長と発光の波長はほとんど同じ（約 870 nm）．吸収端波長（バンドギャップに相当）の光エネルギー（eV）がほとんど損失なく発光エネルギーに変換されるということは，変換の先が電力となったとき，同じくそのほとんどが電力に変換される能力を意味する．そして出力電力の電圧（V）が吸収端の光エネルギー（eV）に相関する．GaAs ではこの出力電圧が，Shockley–Queisser（SQ）の理論限界に近くなるほど高くなって，優れた発電特性を示す．一方，光らないが，太陽電池として高効率を達成しているのが，シリコン（発光効率は< 0.1%）．出力電圧はバンドギャップよりずっと小さいが，赤外までを吸収して電流値が高いためである．

　ところで，この良く光る性質によって起こる現象が「光リサイクリング（photon recycling）」．吸収と発光が重なることで，結晶内で発光→吸収→発光のエネルギー伝搬のサイクルが起こり，励起エネルギーが長距離を移動できるようになる．つまり，厚い半導体膜の中でもこのサイクルによって光エネルギーが効率よく電極まで運ばれ，最終的に電力に変換されるしくみが実現する [46]．GaAs 結晶ではこれが起こっており，ペロブスカイトも GaAs に近い光物性を持つために光リサイクリングが変換効率の向上に寄与している．

　発光の寿命から光励起電子の拡散長を測ると，$MAPbI_3$ の単結晶では $100\,\mu m$ 以上もあり [47]，多結晶（太陽電池の薄膜）でも $1\,\mu m$ に及ぶ [48]．MA のような絶縁性の有機物を含むにもかかわらず，

導電性高分子材料など有機材料中の電子拡散距離が通常 $0.1\,\mu\mathrm{m}$ の
程度であることに比べ，$10\sim100$ 倍の拡散距離を示し，電子と正孔
が再結合せずに長距離を移動できるのである．このような長距離移
動の能力は，欠陥寛容性という固体物性に加えて，光子エネルギー
が発光と吸収で移動する光リサイクリングによる効果とも考えられ
る（コラム 11）．さらに，電子と正孔はほぼ同等の有効質量（0.23
~0.29）を示し同等の移動度をもつこともわかった [49]．すなわち
MAPbI$_3$ は n 型でも p 型でもなく真性半導体のようにふるまい，電
子は自由電子となって半導体中を移動する．少し違うのが臭化物の
MAPbBr$_3$ であり，励起電子は電子と正孔が緩く結合したエキシト
ンを形成して移動し [50]，エキシトンからの強い発光が高輝度 LED
へ応用されている．

　これらの有機無機ハイブリッド組成のペロブスカイトと同様に，
無機組成のペロブスカイト（CsPbBr$_3$ など）でも電子の拡散長は長
い．鉛ではこのような優れた特長が得られるが，金属をビスマス等
に置き換えた結晶材料では欠陥の影響を受けて拡散長は短い．この
ように拡散長が大きいことのメリットは，入射する光を全吸収する
のに必要な厚さが $0.5\,\mu\mathrm{m}$ ほどのペロブスカイト膜においてもキャ
リア（電子と正孔）が再結合して失活することなく，電荷輸送層や
電極の表面に余裕を持って到達できることである．

　直接遷移型のペロブスカイト半導体は，GaAs や CdTe などの化合
物半導体と同様にバンドギャップに対応する波長から鋭い吸収の立ち
上がりを示す．その吸光係数（$10^5\,\mathrm{cm}^{-1}$）は間接遷移型の単結晶シ
リコン半導体の吸光係数（波長に依存）に比べて 1 桁から 2 桁も高
く，したがってシリコン結晶の $1/10$ 以下の厚さの薄膜（約 $0.5\,\mu\mathrm{m}$）
で入射光を全吸収できる．図 1.1（第 1 章 1.2 節）では，太陽電池
に用いる各種の半導体について，光電応答の波長依存性（分光感度）

を比較した．太陽光スペクトルのエネルギー分布において，エネルギーの主要な部分を占めるのは可視光（波長 750 nm 以下）であり，代表的なペロブスカイトの MAPbI$_3$ は可視光のすべてを含む波長 800 nm までの光を吸収する．

　集光する波長の窓口が広いことは，発電における電流密度が高いことにつながる．一方，発電における電圧は，吸収の長波長端の光子エネルギー（バンドギャップ）に依存する．光発電で生まれる電力（W）は吸収する光子数（電流）と電圧の積になることから，集光の能力（電流）とバンドギャップ（電圧）がエネルギー変換効率の上限を決めることになる．この関係から，可視光すべてを含む波長 800 nm 以上までを集光するペロブスカイト太陽電池が高いエネルギー変換効率を達成できている．これに対して，GaAs はさらに近赤外の波長 900 nm まで集光して出力電圧も高いため，半導体の単体としては変換効率が最も高い．このように半導体のもつバンドギャップ波長と変換効率の最大値との間には相関があり，後の節で説明する．

コラム 12

カラフルなペロブスカイト LED

電力を使って発光する LED は，光を電力に変える光電変換とは真逆の関係であるが，この 2 つは密接に関係している．Yablonovitch 博士が提唱するように「良く光る材料は良く発電する」[46] ためで，共通点は，材料の光励起状態が長寿命で安定であることだ．ペロブスカイト結晶の発光を使った LED 素子の開発では，発光の輝度を量子閉じ込め効果によって高めるために，サイズが 10 nm 以下のナノ結晶からなる量子ドットが使われている．ナノ粒子の表面をオレイン酸などの有機膜で保護してサイズを安定化する．典型的な材料は無機組成のペロブスカイトの $CsPbX_3$（X=I, Br）である．$CsPbBr_3$ は光励起では 90%近い量子効率で緑に発光し，LED に用いたときに 20%以上の外部量子効率で発光する．

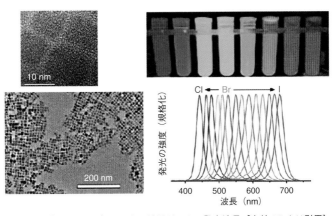

$CsPbX_3$（X=Cl, Br, I）からなる量子ドットの発光波長［文献 51 より引用］

第 4 章

ペロブスカイトの薄膜の作製

　太陽電池用半導体の作製法としてペロブスカイト半導体が極めて
ユニークなのは，半導体材料を基板に被覆するのではなく，その原料
を基板に塗布し，溶液からの晶析によってしかも穏やかな温度（室
温〜100℃）で半導体膜を基板の上で合成する工程である．この塗
布・合成の工程こそ，化学の多くのレシピとノウハウがかかわって
くる．そしてこの目的に使う塗工装置の機械的機能も塗布膜の質を
決めるカギになる．塗工で作る太陽電池の薄膜としては有機太陽電
池の薄膜が典型的であり，厚さ数百ナノメートルの超薄膜を溶液塗
布によって成膜する．これら有機薄膜（導電性高分子材料など）と
は異なり，ペロブスカイトは数十〜数百ナノメートルの結晶粒子が
詰まった多結晶膜であり，しかも，結晶粒子の分散物を塗布するの
ではなく，結晶粒子は塗布の直後に基板上で成長する．この晶析の
工程を巧みに制御することが，高い品質の結晶膜を得るのに必須と
なるのである．

4.1　結晶核の形成と成長

　一般に知られる晶析プロセスでは，溶質（金属イオン等）を高濃
度に溶かした溶液を高温から低温に下げる操作や，溶質を添加して

濃度を上げることで，過飽和状態を経て，結晶核が形成される．た
とえば，写真用のハロゲン化銀の結晶粒子（コラム 10）の製造がそ
の例である．しかし，ペロブスカイト結晶膜の晶析プロセスはそれ
と異なり，2 つの点が特殊である．1 つは，塗布された液膜から有
機溶媒が急速に揮発することによって，過飽和から乾燥状態を経て
溶質が強制的に結晶化すること．もう 1 つは，結晶核の形成には有
機溶媒分子が結合した中間体がかかわることである．ペロブスカイ
トの合成原料を溶かす溶媒は DMF（ジメチルホルムアミド，沸点
153℃）や DMSO（ジメチルスルホキシド，沸点 189℃）といった
有機溶媒であり，室温でも徐々に揮発し 100℃以上で迅速に揮発し
てなくなり，溶質が結合した固体のみが残る．こうして残る固体が
ハロゲン化ペロブスカイトの結晶であるが，この結晶は 1 段階では
完成しない．

　まず結晶核の形成で重要な反応が，有機溶媒分子が金属（鉛）に
配位してできる中間体の分子あるいはクラスター形成である．若宮
らの分析では，$MAPbI_3$ 結晶の形成においては，DMF 分子が配位
した中間錯体として $MA_2Pb_3I_8 \cdot 2DMF$，DMSO 分子が配位した錯
体として $MA_2Pb_3I_8 \cdot 2DMSO$ などが形成され，これらの中間体が
集まって図 4.1 にあるような針状の微結晶を形成する [52]．これら
の中間体の微結晶はほぼ無色であるが，加熱（> 70℃）によって溶
媒分子が結晶構造から抜け出ることによって，目的の $MAPbI_3$ 結
晶の粒子が形成される．この溶媒和した中間体結晶のサイズや分布
状態，そして昇温工程において溶媒分子が脱離する乾燥速度などが，
最終的なペロブスカイト結晶粒子のサイズと充填状態に影響すると
考えられるのである．したがって，以上の条件をコントロールする
化学プロセスが，質の良い結晶膜（図 4.1）を作るためのカギとな
る．このようにペロブスカイトの成膜は，晶析条件を制御するため

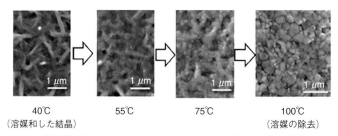

40℃   55℃   75℃   100℃
（溶媒和した結晶）   （溶媒の除去）

図 4.1 溶液晶析法において MAPbI$_3$ 結晶の多結晶膜が形成する状況 [52]

のノウハウが詰まった化学的なプロセスであることがわかる.

4.2 貧溶媒を使った晶析の加速

　ペロブスカイト結晶の成膜工程でよく使うのが，結晶核ができる過程で貧溶媒（antisolvent）を液膜に滴下して，結晶析出を加速する方法である．貧溶媒は，PbI$_2$ や MAI などの原料が溶解しにくい溶媒であり，これを原料の DMF 溶液に混ぜることで溶解度を急激に下げて結晶析出を加速する．この変化は結晶化によって着色しはじめることでわかる．貧溶媒としてはクロロベンゼンやトルエンなど極性の低い溶媒が用いられる.

　図 4.2 には混合カチオンと混合ハロゲンからなる鉛系ペロブスカイトをスピンコート法で成膜する工程の例を示した [33]．この工程にはクロロベンゼン（CB）を貧溶媒に使って結晶化を促進する段階が含まれている．コーターの回転中に貧溶媒を滴下する段階までは，室温の工程であり，貧溶媒を添加したのちに液膜をホットプレート上で 100℃に昇温して乾燥を行う．この段階で，DMF と CB は揮発して除去されペロブスカイト結晶の詰まった薄膜（多結晶膜）が

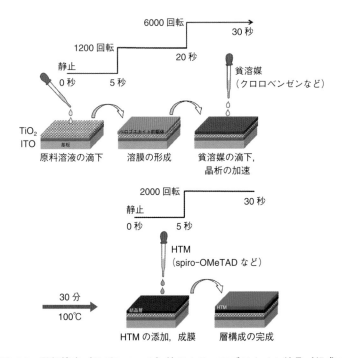

図 4.2　回転塗布（スピンコート）法によるペロブスカイト結晶（組成：
$FA_{0.83}MA_{0.17}Pb(I_{0.83}Br_{0.17})_3$）の成膜の例，スピンコートの回転数，
回転時間（秒）を段階的に示す．

形成される．薄膜の厚さは，原料溶液の濃度と液膜の厚さによって
決まる．液膜の厚さは回転数を増やせば薄くなり，濃度と回転数の
関数によって結晶膜の最終的な厚さが決まる．ペロブスカイト結晶
膜がピンホールのない緻密な膜であれば，理想的な厚さは，膜の光
吸収が飽和する $0.5\sim1.0\,\mu m$ であり，これ以上の厚みは光吸収には
無駄な厚みとなり，膜の抵抗値が上がることから好ましくない．

　この成膜（晶析）で最も重要なのが，膜の質を高める方法である．膜の形状としては結晶粒子が隙間なく密に詰まり，ピンホール（空隙）がないこと，また，結晶膜の表面が平坦であること，そして，結晶粒子のサイズが十分に大きいことが太陽電池の光電特性を改善し，エネルギー変換効率の向上につながる．結晶膜の質を高めるために，原料溶液の濃度，溶媒の種類，貧溶媒を添加するタイミングや添加速度などのほか，工程の温度の制御も重要であり，さらに湿度の制御も影響してくるであろう．湿度すなわち水分は，DMF など有機溶媒分子と同様に，鉛に配位して中間体の形成にもかかわってくるからである．したがって，水分の影響を考慮して，一定の湿度のもとで成膜工程のレシピを作ることは意味をもつことになる．ちなみに図 4.2 の工程は湿度が 20〜30％の大気環境で最適化した例である．

　以上は，鉛系ペロブスカイトを成膜する工程である．スズ系ペロブスカイトの成膜工程では，スズの 2 価イオンが酸化されやすいために酸素や湿度のある大気中で成膜をすることはできない．実験室ではグローブボックスなどを使って酸素を除いた乾燥窒素雰囲気中などで成膜を行う．結晶核の生成から結晶成長までの晶析の基本的過程は鉛系と同様である．

　貧溶媒を使う工程は，小型セルを作る実験室では一般的であるが，太陽電池を量産する生産工程では適さないと考えられる．大面積の基板へ塗布する工程には適用が難しく，可燃性の有機溶剤の工程を増やすことにもなる．これに代えてダイコートやインクジェットなどの印刷方式による 1 段階の塗工で成膜を完成することが望まれる．

4.3　結晶粒子サイズのコントロール

　結晶粒子のサイズは太陽電池の発電特性に影響するため，サイズ

の制御技術が重要となる. 粒子サイズが効率に影響する理由は, 結晶表面と結晶粒子間の界面 (粒界, grain boundary) に存在する不純物欠陥 (結晶格子構造のハロゲンイオンの欠損など) が, キャリアのトラップとしてはたらき, エネルギーの損失をもたらすためである. 粒子の平均サイズを大きくすれば粒子の比表面積 (表面積／体積 $\propto$ 1/サイズ) が減少し, 粒界の面積も減少するため, 結局は表面欠陥の量が減ることにつながる. 粒子サイズが, 結晶層の厚み (0.5～1 μm) と同等くらい大きくなると, 粒界が厚み方向のみに生じて面方向には生じないため, 粒界の欠陥の存在が電荷移動を遮る影響が少なくなる. 逆に, 粒子サイズが小さいと粒界が面方向にも多く分布する. この結果, 粒界を横切る電荷移動の頻度が増え, 欠陥による電荷のトラップ (再結合) の影響を受けやすい. 図 4.3 にはこの状況を模式的に示した. こうして粒子サイズの違いが太陽電池の変換効率に影響することになる. 電荷の再結合 (エネルギー損失) の頻度が増えることによる発電の出力の低下 (効率低下) を防ぐには, 粒子サイズが大きく粒界の面積が小さい多結晶膜を作ることが望ましい.

　粒子サイズをコントロールするために, いろいろな晶析方法を試すことができるが, 基本的には結晶核の生成数の制御と結晶成長過

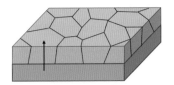 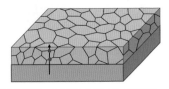

図 4.3　粒子サイズが電荷移動に与える影響の比較. 大粒子 (左) では粒界を横切る電荷移動 (矢印) は起こらないが, 小粒子 (右) では電荷移動が粒界を横切る頻度が高まる (この図の例では 2 カ所).

程でのオストワルド熟成（Ostwald ripening）の制御の2つが重要である．一般に結晶核の数が減ると粒子サイズは大きくなる．しかし，ペロブスカイトのように溶媒和した中間体の微結晶（一次結晶）が凝集し溶媒分子の抜けた結晶（二次結晶）に成長する場合は，必ずしも核の数で最終的な粒子サイズは決まらないだろう．オストワルド熟成とは，比表面積の大きい微結晶が再溶解と析出を繰り返すことで大粒子化する現象であり，イオン結晶であるペロブスカイトではこの現象が容易に起こる．オストワルド熟成による効果は結晶成長の時間を延ばして熟成を促すことで現れる．しかし，粒子サイズとその分布が決まるメカニズムは複雑であり，経験に基づいてレシピを見出すしかない．図 4.4 は，結晶核生成の下地に使う TiO_2 ナノ多孔膜の合成（焼成）にアルカリ（K, Na, Li, Cs）をドープすることによってサイズが大きくなる現象を示した例である．K イオンをドープすると平均粒径は図のように巨大化する [53]．この場合は，下地の TiO_2 膜の表面の組成や形状が結晶核の数に影響を与えた結果であろうと推定する．

（c）の膜では，粒子のサイズが膜の厚みと同程度（0.5～1.0 μm）

図 4.4 結晶成長下地の TiO_2 膜にカリウム（TFSI 塩）をドープすることでペロブスカイト結晶膜の粒子サイズが増加する様子．（a）ドープなし，（b）少量のドープ，（c）2 倍量のドープ．ペロブスカイトの組成，$Cs_x(FA_{0.83}MA_{0.17})_{(1-x)}Pb(I_{0.83}Br_{0.17})_3$[53]

となり，1 つの結晶粒子の中で電荷が粒界を横切らず移動するから
太陽電池の出力特性（電流，電圧）は改善する方向である（第 5 章）.
粒子サイズの小さい膜（a）では電荷移動が粒界を横切る頻度が上が
り（図 4.3），マイナスの影響が増える．以上のように，結晶膜の質
はペロブスカイト太陽電池の光電変換能力を決めるのに最も重要で
あり，結晶核とその成長過程を解析し，結晶膜の物性を改善するた
めの様々な成膜方法が検討されている [54].

4.4 単結晶に劣らない多結晶膜の物性

　質を高めたペロブスカイト多結晶膜は，ペロブスカイトの単結晶
と同等の物性があり，高い光電変換の特性を示すとの報告がある．
このことからハロゲン化ペロブスカイトの欠陥寛容性は多結晶膜の
光物性を単結晶に近いレベルまで高めていると考えられる．ペロブ
スカイトの単結晶は，普通の結晶と違って逆温度結晶化法によって
作ることができる [55]. これは，高い温度ほどペロブスカイト結晶
の有機溶媒中の溶解度が下がるという稀な性質に基づくもので，溶
液を昇温することによって単結晶が成長していく．このような方法
で作った $MAPbI_3$ の単結晶をおよそ $20\,\mu m$ の厚さにカットして
HTL（高分子材料）と ETL（フラーレン）を接合して作った太陽
電池は，22% までの高い変換効率を与えている [56]. 同様な構成で
$FA_{0.6}MA_{0.4}PbI_3$ の単結晶を使ったセルでは 23% 近い効率が得られ
ている [57]. ところが，溶液成膜法で作った $MAPbI_3$ や FA 系組
成の多結晶の薄膜も普通に 20% 以上の高い効率を与える．したがっ
て単結晶の効率が多結晶膜を超えるという状況ではない．多結晶で
あっても，電荷移動を粒界が妨げないような高品質の膜を塗布法で
作れることを意味している．光学的な観点では，吸光係数の低いシ

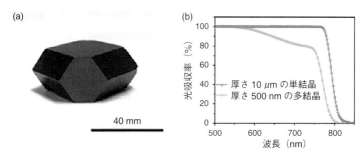

図 4.5 (a) ペロブスカイト単結晶の例($FA_{0.9}Cs_{0.05}MA_{0.05}PbI_{2.7}Br_{0.3}$ の組成からなる単結晶) [文献 59 より], (b) $CH_3NH_3PbI_3$ の単結晶と多結晶膜が示す光吸収率スペクトルの比較, 単結晶の吸収がより長波長までのびる.

リコン結晶が数十マイクロメートルの光吸収長を必要とする状況と違って, ペロブスカイトは $1\,\mu m$ ほどで光を全吸収する. したがってペロブスカイトにとっては単結晶の厚みは余計に厚いことになる. しかし, 集光が強まる影響として, 単結晶を使うと吸収端が長波長化しバンドギャップが狭くなる効果が観測される. $CH_3NH_3PbI_3$ についてこの違いを示したのが図 4.5 である. 単結晶と多結晶の吸収を比較すると, バンドギャップ波長付近の光吸収率はたしかに単結晶のほうで高まっている [58]. この違いは出力の電流の大きさに影響するものの, 出力の電圧や内部抵抗などで決まる実質の最大発電量が同程度であるならば, 成膜の速さとコストの点で, やはり溶液塗工で作る薄膜が有利と言える.

4.5 実用化に向けた塗工方法

溶液成膜によってペロブスカイト多結晶膜を均一な厚みで塗工す

る方法として多くの塗工装置を活用することができる．大学研究室などのラボでは，小面積の塗布に回転塗布機（スピンコーター）が一般に用いられ，通常は数センチメートル程度のサイズの基板の成膜に使われるが，塗布機によっては最大で直径 30 cm までの面積を成膜することができる．

　溶液塗布以外では，ペロブスカイト結晶膜を真空蒸着法で成膜する方法が活発に研究されている．これは溶液法と異なり非平衡状態での物理成膜であり，2種類以上の原料を蒸着源に使った共蒸着によって結晶膜を成長させる方法である [60]．成膜に時間はかかるが，蒸着法では CIGS などの物理太陽電池の成膜と同様に，エピタキシャルな接合の薄膜を作れることもわかってきた [61]．蒸着法によるペロブスカイト膜の太陽電池の効率は高いものでは 20% を超えているが，平均的には溶液法による太陽電池の最高レベルに届いておらず，成膜の精細な制御法の構築に向けた今後の研究に期待がかけられる．

　実用のモジュールを作製するための大面積塗工には，一般にスロットダイ（slot die）塗布機やバーコーターなどの塗布幅の広い塗布機を使った成膜が行われる．ダイコーターやバーコーターは，プラスチックフィルム基板へペロブスカイトを成膜する連続搬送の塗布工程として一般的となっているロール・ツー・ロール（roll to roll）工程に広く使われている．生産技術として，これらの塗布設備を使った厚さ $1\,\mu\mathrm{m}$ 程度の薄膜の成膜には，かなりの細かい条件制御（温度，速度，温度，湿度など）が必要であり，この制御によって均一な膜厚みと膜質を決めることで，大面積化によっても効率低下の少ないモジュールの製造が実現する．このほか，成膜にはスプレー塗布法なども応用することが可能と考えられる．

　溶液塗布による成膜は，印刷メーカー等が得意とする産業分野であり，ペロブスカイトの原料インクを使うインクジェット印刷によ

るペロブスカイトの成膜も広く行われるようになってきた．パナソ
ニック社，西欧の Saule Technologies 社はインクジェット印刷法に
よるペロブスカイト太陽電池モジュールを開発している．また，筆
者らは，ペロブスカイト太陽電池の製作用に特化したインクジェッ
ト印刷装置を企業と連携して開発し 2023 年より販売を開始してい
る（ペクセル・テクノロジーズ株式会社）．インクジェットのメリッ
トは，モジュールのパターン形状を印刷によって自在に変化できる
こと，成膜において使用する原料（インク）の消費を最低限に抑え
ることができる点，そしてロボット化した成膜機によって，効率変
動の少ないペロブスカイト膜を供給できる点である．一方で，ダイ
コーター等の高速塗布が可能な方法に対して，生産速度を高めるこ
とが課題である．

第 5 章

ペロブスカイト太陽電池の性能

5.1 太陽電池の出力特性とエネルギー変換効率

　太陽電池の実用価値を決める要素は，エネルギー変換効率，耐久寿命，そしてコストの3つである．このほか，環境安全性も評価の対象となり，たとえばカドミウムは有害性が高いため CdTe 太陽電池は日本では実用化されていない．これまでに実用化されてきた太陽電池はこれらの3条件をすべてクリアしたものである．とくにエネルギー変換効率は重要で，効率の高い太陽電池は使用面積（設置面積）を小さくできるために架台や設置台などの周辺コストを下げる相乗効果にもつながる．ここで，変換効率の中身は電流–電圧の出力特性であり，この特性にはさらにいくつかの評価ポイントがある．たとえば，同じ効率でも電圧の出力は高いのか低いのか，効率は弱い光の下でも落ちないか（光量依存性）といったポイントである．

　まず本節では，太陽電池のエネルギー変換効率についての基礎を説明する．光電変換の効率については，学術的に2つの表現があり，1つは量子効率，もう1つはエネルギー効率である．前者は，光子が電子に変換される量子数の変換効率である．デジカメなどの光センサは量子効率がほぼ100%（増幅によってそれ以上）であるが，電圧を出力しないためエネルギーは生産していない．むしろ消費する素子である．一方のエネルギー生産の効率は，入力の光エネルギー

が出力（電流 × 電圧 = 電力）に変換される効率であり，これが太陽電池に求められる効率（性能）である．

太陽電池のエネルギー変換効率は，太陽光の一定の輻射エネルギー密度（AM1.5, $1000\,\mathrm{W\,m^{-2}}$）を分母として，太陽電池の出力である電力（$\mathrm{W\,m^{-2}}$）をパーセントで表したものであり，太陽光の吸収に対してでなく，入射する太陽光に対して得られる電力の効率を示す．太陽電池の表面での光反射や，発電にかかわらない材料（集電線など）の存在に関係なく，一定面積に入射するエネルギーが対象となるので，ユーザーの要求（実用出力）に応える極めて現実的な値である．

変換効率の計算は，太陽電池の出力する電流–電圧特性の測定に基づく．この状況を説明する．図 5.1 は光照射された太陽電池が与える電流と電圧の特性である．この特性は，光照射中の光電流の出力を外部回路に印加した電圧を変えることで計測する．印加する電

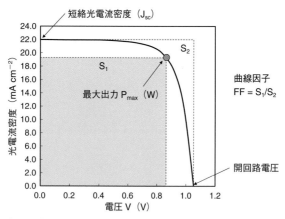

図 5.1 太陽電池のエネルギー変換効率を決める光電流密度–電圧（J–V）特性

圧は，太陽電池の出力を使って何らかの機器を動かす時に，機器の負荷抵抗に生じるバイアス（IR 負荷）に相当する．回路を短絡した状態（負荷抵抗がゼロ）のときは，最大の光電流が生じ，その短絡光電流密度を J_{sc} で示す．一方，外部回路を開いた状態（抵抗が無限大）では，電流はゼロになり電圧は最大値を取る．これを開回路電圧と呼び V_{oc} で示す．短絡光電流と開回路電圧の状態では，出力（電力）はまったく生じない．出力（W）が最大（エネルギー変換効率が最大）となるのは，光電流密度 J と電圧 V の積が最大となる発電ポイントの P_{max}（W）である．この P_{max} の大きさは，J–V 特性の曲線の形によって決まる．すなわち曲線がより肩張りのカーブで四角いほど P_{max} は増える．そこで，図 5.1 において，J_{sc} と V_{oc} の積が与える出力（面積 S_2）に対して，P_{max} の出力（面積 S_1）の比を曲線因子（フィルファクター，FF）と定義する．この FF の値は，回路抵抗を含めた電気的な影響も受ける要素でもあるが，太陽電池の実用上の出力すなわち P_{max} の値を大きく左右する．たとえば，J_{sc} と V_{oc} が高くても，電気的抵抗の高い太陽電池ではこの値が下がる．もちろん，発電材料自身の熱損失（電荷再結合）が大きい問題を持つ太陽電池でも下がる．したがって太陽電池の FF を高く保つことは，実用の光発電効率すなわち発電量を上げるために必須となる．

　光電流–電圧（J–V）特性をもとに，太陽電池のエネルギー変換効率（PCE（%））の最大値は次のように計算される．

$$PCE = \frac{出力する最大電力（W）の密度}{入射光の輻射エネルギー（W）の密度} \times 100(\%) \quad (5.1)$$

$$\frac{出力する最大電力（\,W\,cm^{-2}）}{入射光エネルギー（\,W\,cm^{-2}）} = \frac{J \cdot V}{\sum(F_\lambda \cdot h\nu)} \quad (5.2)$$

ここで,

$$J \cdot V = P_{max} = J_{sc} \times V_{oc} \times FF \tag{5.3}$$

$$J_{sc} = \phi \sum (A_\lambda \cdot F_\lambda) \tag{5.4}$$

以上をまとめると,

$$PCE = \frac{J_{sc} \times V_{oc} \times FF}{E_i} \times 100 \ (\%) \tag{5.5}$$

式 (5.1), 式 (5.2) の分母は単位面積当たりの太陽光の入射エネルギーであり, 第1章の図 1.2 の光子数分布における光子エネルギー $h\nu$ (J) と光子流量 F (光子数・秒$^{-1}$) をもとに波長 λ ごとの光エネルギーを全波長に対して積算したエネルギー量 (W cm^{-2}) である. 式 (5.2) の電流密度 J (mA cm^{-2}) と電圧 V (V) は, P_{max} における値であり, その積 J·V が最大出力密度 P_{max} (W cm^{-2}) である. P_{max} は, 式 (5.3) のように, J_{sc} と V_{oc} に FF を乗じた値であり, ここで, 短絡光電流の密度 J_{sc} は, 式 (5.4) の積分式で示される. A_λ は波長 λ (nm) における太陽電池の光吸収率, ϕ は光子から電子への変換の量子効率 (内部量子効率), ϕ は発電材料の光物性に固有な値であり, 通常は波長に無依存で一定値である. 以上をまとめたのが式 (5.5) である. 分母の E_i は入射光エネルギーの密度 (W cm^{-2}) である. こうして, エネルギー変換効率 (%) は, J–V 特性の J_{sc}, V_{oc}, FF の3つのパラメータをもとに決まる.

このようにエネルギー変換効率 (PCE) は, J_{sc}, V_{oc}, FF のすべてを同時に高めて P_{max} を高めることが, 効率増加に大きくはたらく. 太陽光強度 AM1.5 の標準試験条件で得られる P_{max} 値は, 太陽電池の示すピークワット, Wp (p は peak) と表現される. これは, 実用太陽電池について, Wp 当たり (すなわち発電量当たり) の

生産価格すなわち生産される太陽電池のコストパフォーマンスを比較するときによく使われる.

　FF の値に, 太陽電池の材料や構造が与える影響は複雑である. FF には半導体の本質的な光物性 (欠陥由来の電荷再結合による電流減少) が影響するだけでなく, 外部回路の電気抵抗なども FF を変じる. たとえば, 太陽電池の面積すなわち電極基板の面積を大きくすると, 電極基板のもつ抵抗の大きさが単純に FF に影響する. 回路全体の抵抗を R, 回路を流れる電流を I とすると, P_{max} において起こる V = IR の電圧降下 (IR ドロップ) が FF を減じることになる. この影響を最小限とするために, 太陽電池を電気的に連結・集積した大面積の実用モジュールでは, 集電用の金属線 (バスバー) を幅 3~5 mm 間隔に導入して抵抗の影響を減らす場合が多いが, 一方でこの集電線の存在が受光できる有効面積を減らすため, 変換効率が減少する. このような理由で, 大面積化をすると効率がある程度目減りすることは避けられない. また, FF は太陽電池が受ける光の強さ ($W\,m^{-2}$) によっても変化する. もともと内部抵抗の大きい太陽電池では, 光量が小さくなり, 光量に比例する電流値が低下すると, IR ドロップの影響が小さくなる結果, FF が逆に改善する場合がある. たとえば, 電解液を用いるために内部抵抗が高い色素増感太陽電池の例では, 屋内照明のもとで生じる低い光電流値に対して FF が向上し, PCE が高まる場合がみられる. また, 電卓などに用いられる薄膜シリコン太陽電池は, 屋内照明用に作られた素子であり, 内部抵抗を高くしてある. 屋外の強い太陽光では FF が低下し十分な PCE が得られないが, 弱い屋内照明光では電流出力が屋外より 2 桁以上小さくなり IR ドロップが小さいために, 十分な FF 値と効率で動くようになっている.

5.2 ペロブスカイト太陽電池の基本構成

ペロブスカイト太陽電池は GaAs や CIGS などと同様な薄膜型太陽電池である．このことが単結晶をスライスしたウエハー（wafer）を使うシリコン太陽電池とは異なり，発電層のペロブスカイト半導体が数マイクロメートル以下と薄いことから素子の本体をフレキシブル化することにも適している．ペロブスカイトの薄膜が真性半導体のようにふるまい，光励起によって同等な移動度を持つ電子と正孔を生じるとき，この電子と正孔のそれぞれを選択的に受け取るパートナーがペロブスカイト層の両側に接合していなければ，効率的に電荷を分離して電流を生じることができない．この役目を果たすのが電子輸送層（ETL）と正孔輸送層（HTL）である．光吸収層のペロブスカイト結晶薄膜（厚さ $0.5\sim1\,\mu\mathrm{m}$）に対して，電荷輸送層のETL と HTL を接合する配置によって，太陽電池は様々な構成をとることができる．図 5.2 には，ペロブスカイト層に対して ETL と HTL の配置を変えた様々な層構成を示した [3]．色素増感太陽電池（DSSC）から発展して作られた標準的な構造はメソポーラス金属酸化物（TiO_2, SnO_2 など）を用いる層構成であり，この例も図 5.2 に示した．ペロブスカイトとそれをサンドイッチする HTL と ETL を含めた発電層の厚さは，どれも概ね $1\sim2\,\mu\mathrm{m}$ 程度である．カーボン電極を用いる構造は例外的に厚い．

まず，どの構成にも共通に必要なのが，光の入射する側に用いる透明導電基板（透明電極）である．薄膜太陽電池にはこの透明電極が必要となり発電材料をこの透明電極の基板に被覆することがシリコン結晶太陽電池とは基本的に異なる．シリコンではウエハー自体が基板となるために透明電極基板が構成に入っていない．透明電極はペロブスカイト太陽電池の構成中で最もコストがかかる部分である．

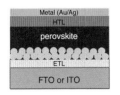
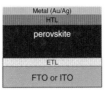
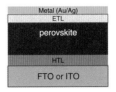

メソポーラス構造　　　プラナー構造　　　　逆層プラナー構造

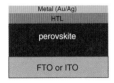

電子輸送層のない構造　　正孔輸送層のない構造　カーボン電極を用いる構造

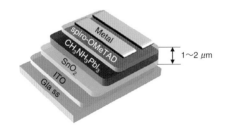

図 5.2　ペロブスカイト太陽電池の様々な層構成，下の図はメソポーラス型セルの積層構成の具体例

これを置き換える安価な材料を産業は開発中であるが，現在限られた材料として使われているのが，金属酸化物の透明導電膜，すなわち FTO（フッ素ドープ酸化スズ）と ITO（インジウム・スズ酸化物）である．ITO はタッチパネルや電磁波シールド膜として広く使われているが，その抵抗値はシート抵抗として $200\,\Omega/\mathrm{square}$ 程度

と高い. しかし, 高い電流密度が生じる太陽電池では, 透明電極は,
高い光透過率（> 80%）に加えて十分に低い抵抗（20 Ω/square 以
下）を兼ね備える必要がある. さらに, ペロブスカイトのような溶
液塗布に用いる透明導電膜が化学的にも安定なことが必要である.
FTO と ITO に代わる材料として銀や銅などの微細なワイヤを集電
線としてパターニングした薄膜も試作されているが, 銀や銅はペロブ
スカイトのハロゲンと反応して酸化されるために不安定であり, 適
当な保護膜で覆うことで実用化する方向にある. 耐久性においては
FTO 膜が化学的にも安定であり, 500℃以上の耐熱性がある. この
FTO 膜は高温焼成で成膜するためにガラス基板に被覆されている.
一方, ITO 膜は低温（< 150℃）の成膜（物理蒸着法, スパッタリ
ング）が可能なことから, プラスチック基板（フレキシブル太陽電
池）にも用いられている. FTO, ITO 膜の実用上の問題は, 成膜に
かかる時間が長いのでコストが高い点である. 実用化には, 銀や銅
の金属集電ワイヤと組み合わせることで厚みの薄い（安価な）FTO,
ITO 膜の抵抗を下げる方法が使われるだろう.

5.2.1 メソポーラス（mesoporous）構造

ペロブスカイト太陽電池の研究が, メロポーラス膜を用いる色素
増感太陽電池（DSSC）の構造から発展して始まったことから, この
構造は広く用いられているが, メソポーラス膜の厚みがまったく異
なる. 透明電極基板上に成膜した TiO_2 や SnO_2 などの酸化物 n 型
半導体のナノ粒子からなる多孔膜（メソポーラス膜）は, DSSC にお
いては色素分子の吸着の表面積を数百倍に増やすために厚さが 5 μm
以上の層を用いた. しかし, ペロブスカイト太陽電池においては目
的が異なり, これはペロブスカイトの晶析反応による結晶核の発生
を促す下地構造（scaffold）になっており, 同時に, n 型半導体材料と

して選択的に電子を受け取る ETL としての機能も担っている．したがって厚みは 100 nm 以下と極めて薄く，これ以上厚い膜では素子の性能が低下する．メソポーラス膜にペロブスカイトを成膜すると，晶析の原料である溶液がナノ細孔の奥まで浸透し，ペロブスカイト結晶がメソポーラス体（TiO_2 や SnO_2）の構造内にしっかりと充填される．したがって光励起で生じた電子は効率よく ETL へ移動する．ここでメソポーラス体が，Al_2O_3 のような絶縁体である場合も，電子がメソポーラス構造中に混ざっているペロブスカイト結晶のネットワークを移動して，基板の電極に到達する．ペロブスカイト太陽電池の研究で効率が初めて 10%を超えるレベルに上がったのはこのメソポーラス Al_2O_3 を使った実験である [28]．この結果から，ペロブスカイト単独で電荷を輸送できる固体物性，すなわち半導体としての物性が明らかになった．

ところで，このメソポーラス構造の層構成は，基板側から n-i-p（すなわち n 型材料–真性半導体–p 型材料）の序列となっており，この序列は，以下に説明する「逆層構造」と区別するために「順層構造」あるいは「n-i-p 接合」といわれている．

5.2.2 プラナー構造

プラナー（Planar）構造とは，メソポーラス層を含まない平坦な膜の積層からなる構造である．これは化合物半導体（CIGS など）を用いる薄膜太陽電池の形であり，n 型材料（ETL）と p 型材料（HTL）がペロブスカイト層を挟んだ層構成となっている．ここで基板側に ETL が置かれるものは n-i-p の接合（すなわち順層構造），基板側に HTL が置かれるものは p-i-n の接合（すなわち逆層構造）とも表現される．プラナー構造は，メソポーラス層のように電子輸送を補助する層がないために，ペロブスカイト結晶層そのものが高品質で高

い電荷輸送能力を持っていることが必要である．逆層構造のセルで
は，このあとの節で述べるように電極基板上に高温焼成で HTL を
成膜することができる．たとえば HTL に NiO_x などの酸化物半導
体の薄膜を用い，ETL に有機薄膜などを使ってプラナー構造とする
場合が多い．一方，順層構造のセルでは，ETL に数十ナノメートル
程度の緻密な TiO_2 超薄膜を用いる方法で 25% 近い PCE が得られ
ている [62]．

5.2.3 逆層（inverted）プラナー構造

プラナー構造のなかでも一般的なのが逆層プラナー構造であり，
光の入射する透明導電基板の側に，HTL が配置され，次いでペロブ
スカイトと ETL が配置される．この層構成が必要になるのは，高
温の焼成工程などによって合成する無機材料（NiO_x などの p 型半
導体）を HTL 側に用いる場合である．有機無機ハイブリッド組成
のペロブスカイトは高温（> 120℃）に耐えられないことから，高
温で合成するような無機材料の HTL については，これを先に耐熱
性のガラス基板に成膜し，次いでペロブスカイトを積層するという
手段をとる．有機材料の HTL を用いる場合でも逆層が有利になる
場合がある．導電性高分子などの HTL は正孔輸送距離が短いため
極めて薄い膜が必要となるが，ペロブスカイト多結晶膜の表面が平
坦でない場合，この上に積層する HTL に厚みのムラが生じてしま
い正孔輸送が不効率となる．そこで，平坦な基板上に HTL を被覆
し，ついでペロブスカイトを成膜するという順番で厚みの平坦・均
一性を確保することができる．HTL と ETL を十分に薄くする必要
がある場合，逆層構成とすることが効率の改善にもつながる．この
逆層構造は，基板側から p-i-n（すなわち p 型材料–真性半導体–n 型
材料）の序列となっているために，「p-i-n 接合」ともいわれる．

5.2.4 ETL もしくは HTL のない構造

これは電荷輸送層の 1 つがない，よりシンプルな構造である．ETL をなくした構造では光電変換の効率が下がる場合が多いが，HTL のない構造では効率の高いセルも得られている．その例は ITO（FTO）とペロブスカイトの界面に双極子をもつホスホン酸誘導体（PACz）などの自己組織化分子膜（第 6 章，図 6.7 参照）を挿入した構造である．分極した PACz 分子膜が，界面で正孔を選択的に受け入れる効果を利用したものであり，HTL を用いたときと同様な高い効率が得られる．同じような方法で，界面を電子や正孔を選択的に受け入れる分子膜で修飾することで，HTL や ETL のない構造が設計できると考えられる．このような HTL や ETL のないよりシンプルな構造を自己組織化分子膜を使って作る方法が新しい研究として始まっている．ペロブスカイトと電極の間の界面が，ペロブスカイト層の一部に入り込んでいる "buried interface" という構造のセルが作られ，高い効率を達成している．

5.2.5 カーボン電極を用いる構造

カーボンの厚い層を用いてペロブスカイト太陽電池を作るユニークな方法を中国のグループが考案し [63]，実用モジュールの製作にも使われている．グラファイトとカーボンブラックの混合物からなる厚い導電層（約 $10\,\mu\mathrm{m}$）のなかにペロブスカイト結晶粒子を分散した構造からなる素子であり，HTL を用いる代わりにカーボン層が正孔を輸送する役目を担う．当時の変換効率は 13% ほどであったが，現在は 20% 近くまで高まっている [64]．この構造を HTL のない（HTL-free）構造とみなす研究もあるが，実際には炭素材料が正孔を輸送する HTL の役目を担うと同時に，導電性が高いことから

電極の一部を構成している．しかし低い電気抵抗を確保するために
炭素層がかなり厚く（ペロブスカイト層の 10 倍以上），抵抗の影響
で FF が低めとなる問題がある．また，セルが黒色体であるから，光
学的に透明なセルによる窓への応用などには適さない．メリットと
して，炭素がペロブスカイト結晶を保護する効果から，セルが長期
の保存耐久性と耐熱性をもつ傾向がある．

5.2.6　バックコンタクト型セル

　以上の構造には，FTO や ITO などの透明導電膜をもつ電極基板
が必要となる．しかし透明導電膜の使用は電池のコストを増やすこ
とからこれを用いない方法が望まれる．結晶シリコン太陽電池のよ
うに透明導電膜を使わない方法はないものだろうか．その解決策と
して，透明電極を使わない基板 1 枚からなるバックコンタクト構成
の太陽電池が提案されている．図 5.3 は，バックコンタクト型構造
の模式図である [65]．電子はメソポーラス構造と同様に厚み方向に
移動して電極基板に受け取られるが，正孔は，基板と反対側の対向
電極に移動するのではなく，面内方向に長距離を移動して p 型半導体
（NiO$_x$ など）のグリッド電極に受け取られる．光は表面のペロブス

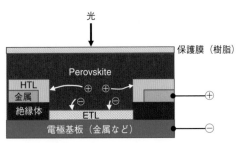

図 5.3　電極基板 1 枚からなるバックコンタクト構造の例

カイト膜の全面で吸収されるので，グリッド電極による吸収の妨げはない．使用する電極基板が1枚であることから大きなコスト削減につながり，まさにペロブスカイト太陽電池を極限まで安くする救世主とも言える．しかし正孔にとっては移動距離が大きいために効率が通常の電極サンドイッチ構造より低いのが現状である．今後の技術進化を期待したい．

5.3　光発電のしくみ

ペロブスカイト太陽電池の光発電メカニズムは，一般の半導体による光発電と基本的に同じである．ペロブスカイトが半導体としてそのバンドギャップ（第3章，図3.3）に相当する波長以上の光を吸収し，光励起された電子と正孔が移動して光電流と光起電力が発生する．バンドギャップは半導体が吸収する最も長波長の光子のエネルギーに一致する．光子のエネルギーは，波長 λ と次の関係にある（h はプランク定数，ν は振動数（秒 $^{-1}$），c は光速）．

$$光子のエネルギー量 = h\nu = hc/\lambda（単位：J） \tag{5.6}$$

ここで光子のエネルギー（量子エネルギー）を電子ボルト（eV）で示すと，波長1000 nm の光子は1.24 eV のエネルギー，すなわち電圧としては1.24 V の大きさに相当する．光子エネルギーは波長に反比例することから下記の関係が成立する．

$$波長 \lambda（nm）の光子エネルギー = 1240/\lambda（単位：eV） \tag{5.7}$$

この関係を覚えておくと，光の波長とバンドギャップエネルギー，E_g（eV），との関連づけに便利である．たとえば，波長が500 nm の光は，$1240/500 = 2.48$ eV のエネルギーをもつからバンドギャッ

プが 2.48 eV 以下の半導体によって吸収される.

典型的なペロブスカイト半導体の MAPbI$_3$ を例にとる. バンド
ギャップが 1.6 eV とすると, 波長 775 nm (1240/1.6) 以下の光を
吸収する. MAPbI$_3$ が光を吸収すると価電子帯 (VB) を構成する
電子軌道 (鉛の s 軌道) の電子が, 伝導帯 (CB, 鉛の p 軌道) に励
起される. 電子を失った VB には正孔が残る. この電荷分離が光発
電の初発反応であり, 光で生じた電子と正孔が再結合して熱となっ
て失活せずに外部回路に電流として流れることが, 効率を上げる基
本的な条件である.

光電流が発生する効率 (量子効率) は半導体の分極状態によって
ほぼ 100% に達し, 短絡光電流 (J$_{sc}$) がまさにその状況である. し
かし, 電圧に関しては, 必ず出力の熱的損失を伴うことになる. 電圧
がバンドギャップ (E$_g$) すなわち電子と正孔のエネルギー差に一致
することはない. この状況, すなわち電圧の損失がエネルギー損失
の本質的な部分であり, 変換効率を左右している. この損失は, エ
ネルギー変換には必ず熱的損失を伴うという熱力学第二法則の結果
であり (コラム 3), 一方向的な電子の流れ (電流) を促すには最小
でも 0.2 V 程度の電圧勾配 (電圧損失) を通常は必要とする (室温
の条件下).

この状況を, ETL/ペロブスカイト/HTL の接合で構成される素
子について図 5.4 に示す. 光電流の発生は, ペロブスカイトの CB に
励起された電子が電子輸送材料 (ETM) へ, VB の正孔が正孔輸送
材料 (HTM) へ移動することで起こるが, 室温では CB の最低準位
と VB の最高準位にエネルギーレベルの広がりがあり, また同様の
広がりが ETM と HTM にも存在することから, 電荷の一方向的移
動には, ペロブスカイトと電荷輸送材料の間で十分な電位勾配が必要
となる. この勾配が実質的に 0.2 eV 程度と考えると, バンドギャッ

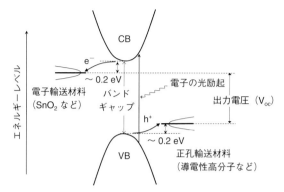

図 5.4 ペロブスカイト半導体のバンドギャップ光励起による電荷輸送材料
（ETM, HTM）への電荷移動

プからの電圧の損失分はおよそ 0.4 V となる．加えて，粒子間の界
面を横切る電荷の移動（図 4.3）も電圧の損失を引き起こす可能性が
ある．電圧損失を最小限にするためには，材料の純度を上げて欠陥
を減らすとともに，4.3 節で述べたように多結晶膜の質を高める．太
陽電池として最も高効率を達成する GaAs 半導体（$E_g = 1.42\,\text{eV}$）
では，この電圧損失が 0.3 V まで抑制されており，出力電圧は SQ
理論限界に近い値（1.12 V）が得られている．

　ペロブスカイトの光電流を効率よく整流するために ETM と HTM
の役割は重要である．鉛系ペロブスカイトの素子においては，一般
的なメソポーラス構造（順層構造）の素子（図 5.2）の ETM には
TiO_2 のメソポーラス膜，HTM には市販の有機材料である spiro-
OMeTAD が広く使われてきた．この spiro-OMeTAD は，比較的
厚い層の状態でも正孔を輸送できる性質のため研究に使いやすい．
しかし，導電性を高める目的でドーパントとして Li-TFSI などの Li
塩を添加する必要があり [66]，ドープするイオンがほかの層に拡散

することが素子の保存安定性を悪くする問題となる．そのために，ドーパントを必要としない正孔輸送材料が提案されており，なかでも導電性高分子を用いることが良い効果をあげている．その例についてはあとで述べる（第 6 章 6.5 節）．

図 5.5 は，負極/ETM/ペロブスカイト（MAPbI₃）/HTM/正極の接合からなる素子における光発電のメカニズムを，エネルギーレベル（対真空準位の仕事関数）を縦軸として描いた．エネルギーレベルは計測法によってわずかな差があるためおおよその値である．MAPbI₃ のバンドギャップエネルギー（E_g）は約 1.6 eV であり，

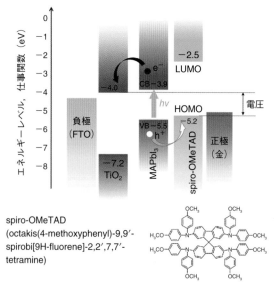

spiro-OMeTAD
(octakis(4-methoxyphenyl)-9,9′-
spirobi[9H-fluorene]-2,2′,7,7′-
tetramine)

図 5.5　最も一般的なペロブスカイト太陽電池の層構成における電子移動メカニズム，そして HTL に用いる spiro-OMeTAD の分子構造．

spiro-OMeTAD の最高被占軌道の準位（HOMO）は MAPbI$_3$ の価電子帯（VB）レベルよりやや高い．ETM，ペロブスカイト，HTM の 3 層が接合する界面で，電位勾配に沿って CB の光電子が ETM へ，VB の正孔が HTM へ移動し光電流が発生する．そして，ETM と HTM のレベルの差が，出力電圧の最大値，開回路電圧（V$_{oc}$）に相当する．このセル構成で，注目すべきことは，ペロブスカイトと電荷輸送材料との間のエネルギー差が 0.1〜0.2 eV の程度の小さい値であるにもかかわらず，電荷移動が効率よく起こることである．この結果として得られる高い V$_{oc}$ 値が，20％を超えるエネルギー変換効率を実現している．

5.4 ペロブスカイト太陽電池の発電特性

効率が 20％を超えるくらいの高効率ペロブスカイト太陽電池では，発生する電子数／吸収される光子数で表される量子効率はほぼ 100％に近い．光電流–電圧（J–V）特性（図 5.1）における短絡光電流（J$_{sc}$）はこの効率を反映した値であるが，J$_{sc}$ 値は，太陽電池の表面での光反射や光の透過などの光学的な損失による電流の損失を含んでいない値である．これらの損失を含めた効率として，太陽電池の性能評価では，「外部量子効率」という値が使われる．外部量子効率（EQE）は，外部回路を流れる電子数／入射される光子数 ×100（％）で定義される（EQE を IPCE（入射光に対する電流の量子効率）と表現することもある）．分母の入射光子数は，反射や透過で失われる光学的な損失を含めた値である．したがって，EQE はエネルギー変換効率（式 (5.1)）と同様に実用的な意味をもつ表現である．これに対して，吸収光子数を分母とする量子効率は，内部量子効率といわれる．この内部量子効率は特別な場合を除いて波長に依存しな

い一定値となる（光化学の量子収率に相当）．一方，外部量子効率は
波長に依存して変化し，そのスペクトルは吸収率のスペクトルと相
似形となる（吸光度（光学密度）のスペクトルとは異なるので注意）．

　図 5.6 はペロブスカイト太陽電池の EQE の作用スペクトルの例
である [66a]．この太陽電池のペロブスカイト結晶は，2 つの有機カ
チオンと混合ハロゲンからなる $FA_{0.87}MA_{0.13}Pb(I_{0.9}Br_{0.1})_3$ の組
成であり，90%を超える高い EQE 値は，内部量子効率が 100%に
近いことを意味する．前述の式 (5.4) と同様な関係として，入射光
子数に EQE 値を乗じた値（すなわち発生電子数）を全波長で積分
して得られる値は，J_{sc} に一致する（式 (5.8)）．

$$J_{sc} = \sum q(I_\lambda \cdot EQE) \tag{5.8}$$

q は電荷素量（1.6×10^{-19}C），I_λ は入射光子数（秒 $^{-1}$）

図 5.6 の右軸には EQE 値に基づく積算電流値を示した．積算電流

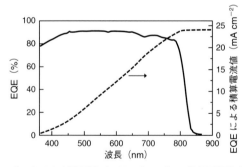

図 5.6　ペロブスカイト太陽電池（PCE が 21%）の外部量子効率（EQE）の
作用スペクトルと EQE から積算される光電流値．このペロブスカイ
ト（$FA_{0.87}MA_{0.13}Pb(I_{0.9}Br_{0.1})_3$）のバンドギャップは 1.52 eV.

値が飽和した値は太陽電池が生じる光電流の最大値（短絡電流）に一致することになる.

　図 5.7 は，このペロブスカイト太陽電池の電流–電圧（J–V）特性である. このペロブスカイトは $MAPbI_3$ よりもバンドギャップエネルギー（E_g）が小さく 1.52 eV であり，ETM には TiO_2 と SnO_2 の二重層を用いている. 結果として V_{oc} は E_g より 0.4 V ほど低くなり，1.12 V となった. 短絡光電流密度（J_{sc}）は 24 mA cm^{-2} であり，この例のように 1.5～1.6 eV の E_g のペロブスカイトで，EQE 値が 90% 以上に達すると J_{sc} は 25 mA cm^{-2} に近い値となる. 図 5.6 のように，J_{sc} 値は，EQE に基づく積算光電流値に一致しているのがわかる. このセルの FF は 0.77 であるために，V_{oc}, J_{sc}, FF から計算される変換効率は 21% である. 25% を超える世界トップのペロブスカイト太陽電池では，FF が 82% を超えるレベルにあり [67]，このクラスの高効率太陽電池になると，FF の高さが効率の最高値を決める.

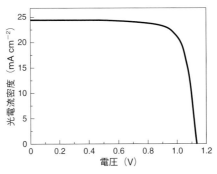

図 5.7　ペロブスカイト太陽電池（図 5.6）の光電流–電圧（J–V）特性. 短絡光電流値（J_{sc}）は EQE による積算電流値とよく一致している.

5.5　イオンの動きが及ぼす影響

　ハロゲン化ペロブスカイトは共有結合性とイオン結合性の両方を有するが，結晶の内部では固体状態でもイオンの移動と拡散が起こる．このイオン拡散性が太陽電池の性能と安定性に大きな影響を与えている．イオン移動は 1 つの結晶の中だけでなく，多結晶膜がつくる薄膜全体も起こる．薄膜全体に及ぶのは，粒界の表面を介してイオンが移動するためである [68]．$MAPbI_3$ の場合，最も易動度が大きいのはハロゲンであり，小サイズの金属カチオン（Pb^{2+}）ではなくヨウ素アニオン（I^-）である．ヨウ素イオンの移動は，ヨウ素の抜けた結晶格子の欠陥部位が移動のチャンネルとなって起こり，とくに欠陥の多い粒子界面がイオン移動を促していると考えられている．したがって粒子サイズが大きく粒界面積が小さい系では多結晶膜内でのイオン拡散の影響が小さい．

　イオンの動きは実際の多結晶薄膜で色の変化として観測される．$MAPbI_3$ 膜の厚み方向に電界をかけると，MA^+ と I^- イオンが移動し，MA を失った部分では結晶が脱色し，I^- イオンが移動した側は結晶の着色が残る（図 5.8）[69]．厚み方向だけでなく，多結晶膜の面内でもイオンが移動して I^- イオンが移動した側は PbI_2 が析出する [70]．このように電界を受けて移動するだけでなく，イオン移動の活性化エネルギーが低いため（ヨウ素イオンでは 0.1 eV 程度），室温でも結晶内部と結晶の表面（粒界）でイオンが移動する．

　多結晶膜では互いに接する粒子の間でもイオン交換が起こる．このイオン移動には，原子が抜けたフレンケル（Frenkel）欠陥，とくにヨウ素イオンの抜けた欠陥がかかわっていると言われ，結晶の内部よりも粒界のほうがはるかにイオン拡散性が高いとの報告がある．また，ペロブスカイトの組成にも影響を受け，ヨウ素イオンの拡散

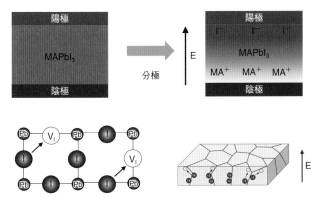

図 5.8　MAPbI$_3$ 結晶内で分極の電場を受けて動くイオン（上），ヨウ素の抜け
　　　　たフレンケル欠陥（V$_I$）が引き金となる粒界でのイオンの移動（下）

は MAPbI$_3$ 結晶内では大きいが，MA を FA に置換した結晶組成
では抑制される．この拡散を防ぐ手段として，有機分子のフラーレ
ンなど，欠陥を保護するような分子を添加して表面の欠陥チャネル
を不活性化する方法などが使われる．

　粒子間でイオン拡散と交換が起こると，固体状態でも保存中にペ
ロブスカイト多結晶膜の物性にも変化が起こる．室温以上の温度で
数日以上アニーリングすると，粒子間の融着等によって層構造の結
合が高まり，太陽電池の特性が改善される現象も多い．溶液中でオ
ストワルド（Ostwald）熟成によって固液界面のイオン交換を介し
て粒子サイズが増える現象は良く知られるが，これに似た現象がペ
ロブスカイトの固体状態の多結晶膜でも起こると考えられる．

　イオン移動は温度とともに活発化するため，ペロブスカイト太陽
電池の安定性と耐久性にも影響を与える．この問題に対処するため，
欠陥を不活性化する添加剤（パシベーター，passivator）を用いて
耐久性を高める様々な方法が提案されている．結晶内部でのイオン

移動の小さい FA 系のペロブスカイトを用いて，結晶表面の移動を抑える添加剤を併用する方法では，効率と耐久性を高める良い効果が得られている．イオン移動の抑制は耐久性を高める本質的な課題であり，ペロブスカイト組成の改良とパッシベーション法によって着実に解決されつつある．

5.6 遅い応答とヒステリシス

ペロブスカイト太陽電池の発電で起こる困った挙動が，J–V 特性の計測に起こるヒステリシス，すなわち電圧をスキャン（掃引）して光電流を測るときに，スキャンの方向（電圧を増加する方向と減少する方向）によって，光電流値が一致しない現象である．J–V 特性の計測では電圧をゼロ（あるいはマイナス値）から V_{oc} 値に向かってスキャンし，V_{oc} 値からゼロに向かって戻す往復スキャンを行うのが通常である．シリコン結晶太陽電池（$V_{oc} \sim 0.7\,V$）などはこの往復スキャンを 1 秒以内の高速で行い，光電流値の不一致なく正確な P_{max} と効率が得られる．光電流の応答が極めて速いためである．しかし，応答が遅いペロブスカイト太陽電池では，往復スキャンに 1 分近くも要する．そして，セルの構造によっては行きと帰りのスキャンで光電流値に大きな不一致すなわちヒステリシスが起こる．

図 5.9 には，このヒステリシスを伴った J–V 特性の例である．ペロブスカイト太陽電池は標準的な $MAPbI_3$ に TiO_2 の ETM と spiro-OMeTAD の HTM を組み合わせたセルであるが，ペロブスカイト結晶層に接する TiO_2 の電子輸送層（ETL）の形態が異なることでヒステリシスの大きさに差が生じている．(a) と (b) は図 5.2 のプラナー型構造であり TiO_2 層は薄く平坦な緻密層である．これに対して (c) は図 5.2 のメソポーラス型構造であり ETL に TiO_2

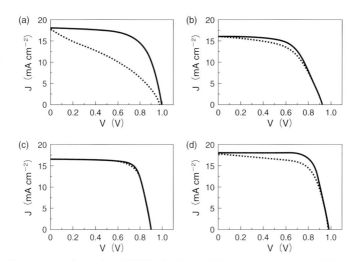

図 5.9 ペロブスカイト太陽電池 (FTO/TiO$_2$/MAPbI$_3$/spiro-OMeTAD/Au) に
見られる J–V 特性のヒステリシス. (a) は厚い MAPbI$_3$ 結晶膜 (約
500 nm), (b) は薄い結晶膜 (約 200 nm) を用いるプラナー型構
造, (c) はメソポーラス型構造, (d) はヒステリシスの形としてバン
プをもつヒステリシス特性. 実線は V$_{oc}$ →J$_{sc}$ のスキャン, 破線は
J$_{sc}$ →V$_{oc}$ のスキャン.

多孔膜を用いている. さらに (a) はペロブスカイト層が厚い (約
0.5 μm) が, (b) は薄い (約 0.2 μm). (a) と (b) を比べると (a)
では大きなヒステリシスが生じているが (b) ではずっと小さい. そ
して, メソポーラス型構造の (c) ではヒステリシスが生じていない.
両者の違いは, ペロブスカイト層と ETL との界面にある. 両者と
も ETL に TiO$_2$ を用いているが, プラナー型ではペロブスカイト
が接する TiO$_2$ 緻密層が平坦な面であるのに対して, メソポーラス
膜では多孔膜でありペロブスカイトの接触する面積が大きい. この

ように面積の大きい界面では電荷移動における電流密度が減るために界面を電荷が横切る抵抗を受けにくくなる. この違い（界面の結合面積）がヒステリシスの大小に関係していると考えられる.

電流–電圧（J–V）特性は実際に界面の構造の影響を受けやすい. ペロブスカイト太陽電池では, 積層構造によっては, 溶液塗布によって接合した界面の物理的な結合が弱く, 界面を電荷が横切る反応が迅速でないことが, 電流応答を遅くしていると考えられる. この遅い応答は界面で電荷が一時的に蓄積される過程と考えられ, 蓄積した電荷が電圧スキャンにおいて放電すると容量電流となって光電流が増加しヒステリシスが生じる. 多くの場合に, V_{oc} から $V = 0$（J_{sc}）に戻るバックスキャン（図の実線）のほうが, $V = 0$ から V_{oc} のフォワードスキャン（破線）よりも高い光電流値を生じるのはこのためだろう. 一種の充放電的な挙動であるので, 電圧スキャン速度（充電速度）もヒステリシスの程度を変じる. 図 5.9（d）はこの挙動の影響と思われる典型的な例であり, バックスキャンの光電流値が J_{sc} を超える値に達してバンプ（凸部）が生じている. このような形状の特性は, プラナー型, メソポーラス型に限らず, 界面の電荷移動に問題のあるサンプルではみられる. 界面に物理的な剥離や空隙などを生じる場合にヒステリシスはいっそう強くなる. このようにヒステリシスを伴う場合, ペロブスカイト太陽電池の J–V 特性を, 2 本の往復スキャンの曲線で表すことが多い.

ヒステリシスを引き起こす本質的な根拠については多くの議論がある. 界面での電荷移動のアンバランスもヒステリシスの原因となる [71]. たとえば ETL との界面を比べると, ペロブスカイトから TiO_2 への電子移動は SnO_2 への移動に比べて遅いと言われる. 実際に ETL に SnO_2 を用いるものがヒステリシスが小さい傾向があり, 高効率太陽電対の多くが SnO_2 を用いている. ペロブスカイト

から spiro-OMeTAD などの正孔輸送層（HTL）へのホール移動は迅速に起こるので，ETL と HTL との間に電荷移動のアンバランスが生じると，ヒステリシスにつながると考えられる．

さらに，前節で述べたイオン移動もヒステリシスの原因にかかわっている．ペロブスカイト膜に電圧が加わったときに，イオンが電場に沿って結晶内部や粒界表面で移動し，光電流が定常状態に安定するのにかかる時間を遅くしているためである．イオン拡散は遅いプロセスであるため，光電流応答はセル構造によって数秒から数分までかかることがある．応答が遅いという性質だけで，電圧スキャン速度に電流の出力が追いつかずにヒステリシスが生じてしまう．前述のように構造的にペロブスカイトと電荷輸送層の界面の結合が不完全であることもヒステリシスを増長する．たとえば，真空蒸着法によってペロブスカイトと電荷輸送層を密に積層した場合は，同じ層構成でもヒステリシスがなくなる場合もあることから，界面に空隙のない接合を確保することが基本的に重要である．

遅い電流応答は，ペロブスカイト太陽電池が従来のシリコンや化合物半導体の太陽電池に適用した計測基準では評価できないという問題を生んでいる．一般的にヒステリシスの大きい素子は，連続の光照射によって，出力の初期劣化を示す不安定な挙動を示すからである．ヒステリシスの大きさには，結晶膜中の欠陥の量が関係している．また素子の中には，光で劣化した素子を暗中に保存すると電流値が回復するものもある．このように，特性が不安定な太陽電池の出力を評価するためには，連続光照射の条件で，最大出力（P_{max}）をモニターする方法を使う．太陽電池は，光センサなどと違って応答の高速性を求めるものではなく，必要なのは出力と耐久性である．応答の遅いペロブスカイト太陽電池については，P_{max} の計測に基づいた効率の評価が意味をもつことになる．

ヒステリシスの問題は，効率が 15%ほどのレベルにあった 2014 年ころから取り上げられ [72]，その根拠が議論されてきた．しかし，20%を超えるまで高効率化したペロブスカイト太陽電池では，ヒステリシスの影響を無視できる良質のものが多い．ヒステリシスの有無は結晶膜の質すなわち欠陥の量にも関係しており，添加剤（K イオンなど）をドープすることで，性能改善とともにヒステリシスも抑制されて改善する場合がある [73]．ヒステリシスは多結晶膜の質を反映している現象でもあるから，一般に，ヒステリシスの大きい素子は効率が低く，また，保存安定性も低い傾向がある．したがって今後，効率と安定性が向上していく太陽電池では，ヒステリシスの発生は概ね無視できる方向になっていくであろう．

5.7 劣化した素子の自己回復（self-healing 効果）

結晶内でイオンが移動する物性いわばダイナミックな固体物性がもたらす謎の現象として，ペロブスカイト素子の劣化した光電変換特性が，室温での保存時間とともに回復する現象がある．self-healing（自己修復）効果と呼ばれる現象である [74]．作製直後の素子が低い発電効率と著しいヒステリシスを示していた状態から，暗中で数日以上保存する（エージングする）ことによってヒステリシスが弱まり効率が 2 倍以上も改善するような場合もあり，あるいは，光照射や高温下などで電流−電圧特性がいったん劣化した素子を，暗中での保存あるいは一定の条件下で保存や光発電操作をすることで，劣化した性能が回復する場合がある．素子にこのような後処理を施すことで，不安定な性能が安定化する，あるいは初期の良い性能がさらに高まることもある．これらは常に起こるわけではなく，結晶の組

成，粒子の構造，界面の構造，そして電荷輸送材料の種類に依存する．ペロブスカイト結晶膜とその界面は，成膜から長い時間をおくことでエネルギー的に安定な物性が固まり，それまではダイナミックな物性をもつソフトマテリアルのようにふるまうとも考えられる．

　長期間のエージングによって光発電特性を安定化する処理は，薄膜シリコン太陽電池などでも一般に行われてきた．また self-healing は化合物半導体の無機太陽電池においても起こる．CIGS 結晶の場合は共有結合性が高いが Cu イオンが高温で移動しやすく，それが原因とも考えられる self-healing が起こるようである．したがってこのような現象，一種の自己組織化の現象はどの多結晶膜でもある程度は起こると考えられるが，ペロブスカイトの場合はイオンが常に動く「生（なまの）マテリアル」とも特徴づけられることから，とくに現象が目立ってくる．この self-healing の制御のために積層構造の界面を分子レベルで改質する優れた研究がつぎつぎと出てきている（第 6 章 6.3 節など参照）．

ペロブスカイト太陽電池の高効率化

6.1 ペロブスカイト結晶膜の高品質化

　ペロブスカイト太陽電池のもつ高い変換効率そして高い電圧出力を確保するために本質的な役割を担うのが，ペロブスカイト結晶膜の質の向上である．物理太陽電池では半導体の結晶構造や層構造を，真空蒸着法などを使ってある程度強制的（非平衡的に）に制御できるのに対して，ペロブスカイト太陽電池では，結晶膜の質は溶液からの晶析反応すなわち化学平衡による自己組織化にゆだねられている．この自己組織化反応を制御する原料の濃度，溶媒の組成（純度），温度や溶媒の揮発速度などの条件が，結晶膜の質につながる．質が良い膜とは，結晶粒子が空隙なく密に詰まり，均一な厚みと平坦な表面で形成されている．このような良質を作るのは，晶析のプロセスだけでない．ペロブスカイト結晶の内部でイオンが格子間を移動する性質によって，形成したばかりの多結晶膜の結晶サイズや結晶形が，放置している間に変化する現象が起こる．これがペロブスカイト多結晶膜のエージングの現象であり，オストワルド（Ostwald）熟成の現象によっても進行する．そしてこのエージングも温度と湿度の影響を受ける．このようなエージング工程を経て最終的にできた結晶の質が，半導体としての光物性を決めることになる．このように，結晶膜の質を高める化学的処理の方法は複雑であるから，そ

の細かな "レシピ" を構築することによって良質の膜ができあがる.

　図 6.1 はこのような成膜工程を最適化してできた混合カチオン系ペロブスカイト結晶膜を用いる太陽電池の断面図である [33]. 大粒子が密に充てんされた平坦な表面の結晶膜であり, 粒界も少ないことから, 太陽電池は高い効率を与える（第 4 章, 図 4.3 のとおり）.

　ペロブスカイトの組成や晶析の方法によって, 結晶膜の形態（モルフォロジー）は大きく変化する. 図 6.2 には, いくつかの断面構造の例を示した.（a）と（b）は効率を高める良質の結晶膜が得られていない例である.（a）は結晶粒子が不連続で緻密になっていない, また, 結晶を担持するメソポーラス膜（TiO_2 や SnO_2 などのETL）が厚すぎることも問題であり, 厚みを 100 nm 以下にしなければ内部抵抗を高めてしまい効率が低下する.（b）は緻密にはなっているが, 結晶粒子サイズが不揃いで小粒子も混ざっており, したがって粒界の面積が大きい. これに対して（c）は, ペロブスカイト結晶層が緻密で連続しており質の良い構造になっている.（c）のように, 粒界が鮮明でない一枚板のように融合した結晶層は, 粒子形成中の粒子間イオン移動やオストワルド熟成によって起こる場合が

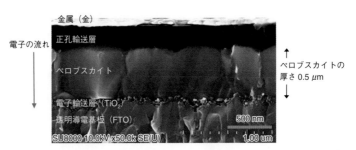

図 6.1　大粒子からなる良質のペロブスカイト結晶膜で作られた太陽電池の断面図（ペロブスカイト組成： $Cs_x(FA_{0.83}MA_{0.17})_{(1-x)}Pb(I_{0.83}Br_{0.17})_3$）

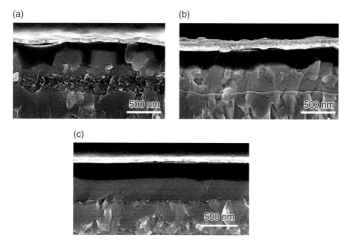

図 6.2 素子の断面構造におけるペロブスカイト結晶膜の例, 上層の黒い部分
が正孔輸送材料, 中間がペロブスカイト結晶の層.

ある. すでに述べたように, 粒子表面が作る粒界には多くの欠陥が
潜んでおり, この粒界の面積を最小化することが高効率化につなが
る. ペロブスカイトの結晶成長の過程で起こる粒子サイズ分布や粒
界の発生とその光物性への影響については, 詳細な研究がある [文献
3 (書籍) の第 3 章, 文献 75].

　層構成が同じであっても結晶膜の質によって太陽電池の効率は大
きく変わる. 質を高めるためには, 4.3 節で述べたように結晶粒子
サイズのコントロールをするための成膜処方 (溶媒組成, 温度, 乾
燥速度など) を確立しなければならない. こうして確立したレシピ
は, できあがった結晶膜の形状を見ても見抜くことができないため,
これがペロブスカイト太陽電池を製造する高いノウハウとなる. 産
業の生産工程では, 大面積の基板が塗工の対象となる. 塗工面積が

大きくなると塗工機の開発と晶析にさらなる制御技術が必要となる．
したがって，ペロブスカイト太陽電池の技術競争においては，塗工
の制御技術を極めることが大きな強みとなる．

ペロブスカイト結晶の組成の改良については，第 3 章で述べたよ
うに，結晶の質を高めて高効率化を図るために，組成中の A カチオ
ンと X アニオンを混合型にして，結晶の本質的な安定性と光物性
（バンドギャップなど）の最適化を行っていく．Cs, MA, FA の 3
種混合 [33]，Rb, Cs, MA, FA の 4 種混合 [34]，MA を除く Rb,
Cs, FA の 3 種混合 [36] など，多くの組成を使って高効率化が試み
られている．このなかでも，効率と同時に重要な耐久性という観点
では，耐熱性の低い MA を含まずに FA を主たるカチオンとしてこ
れに Cs を混合する組成（$Cs_xFA_{1-x}PbI_3$ など）が結晶膜の安定性
が高い点で好まれており，実用化開発で広く使われる傾向にある．

6.2　理想係数でわかるペロブスカイト半導体の質

ペロブスカイト結晶膜そして電荷輸送層との界面の結合を改質し
ていくことで，欠陥が電荷再結合にもたらす影響を小さくすると，
V_{oc} 値を高い値で維持できる．この効果は，光強度が減少し光電流
が減少するときに，これに伴って V_{oc} 値が減少する程度に現れる．
半導体内部に大きな欠陥がない限り，短絡光電流（J_{sc}）は光強度に
直線的に比例する．この特性は Si を含めたどの太陽電池でも共通で
ある．一方，V_{oc} 値は，光強度に依存して指数関数的に変化し，光
強度の減少によって緩やかに減少する特性を示す．

式 (6.1) は，半導体ダイオードの電流電圧特性に基づいて導かれ
る V_{oc} と J_{sc} の関係を示す理論式であり，T は温度，k はボルツマ
ン定数，q は電荷素量である．J_0 は半導体ダイオードにおいて逆バ

イアス下での飽和電流密度（活性化エネルギーの関数）に相当する．
そして，n_{id} の値が理想係数（ideality factor）と呼ぶ変数であり，
半導体の質の善し悪し，すなわち半導体内で起こるエネルギー損失
（電荷再結合）の種類と度合いを測る尺度として用いられる［76］.

$$V_{oc} = \frac{n_{id}kT}{q} \ln\left(\frac{J_{sc}}{J_0}\right) \tag{6.1}$$

この関係をもとに，理想係数 n_{id} の値は，V_{oc} の値を J_{sc} の対数に対
してプロットして得られる直線の勾配（$n_{id}kT/q$）から求められる．
n_{id} 値は，通常 1 から 2 の間の値をとる．$n_{id} = 1$ となる場合は，半
導体の光励起でできた CB の電子と VB の正孔の再結合（失活）が，
欠陥等の影響による熱失活もなく 100％直接の再結合で起こるよう
な場合であり，これは発光による再結合（radiative recombination）
を意味する．実際には欠陥の影響が皆無で $n_{id} = 1$ となるような理
想的な半導体はなく，$n_{id} > 1$ となる．一方，$n_{id} = 2$ は，再結合
のほとんどが CB と VB の間に存在する欠陥の引き起こす電子や正
孔のトラップに由来する場合である．このようなトラップがかかわ
る再結合は Shockley-Read-Hall（SRH）再結合と呼ばれる［文献 3
の第 5 章，文献 77］.図 6.3 には発光による直接再結合と SRH 再結
合の違いを示した．SRH 再結合を引き起こす欠陥は，結晶の構造欠
陥や不純物によるものであり，結晶の粒界や電荷輸送層との界面に
生じやすい（第 4 章参照）．ペロブスカイトの場合，半導体バルクに
生じる欠陥は，浅いトラップとなる可能性が高いが，その影響は n_{id}
値の大きさ（$2 > n_{id} > 1$）に現れてくる．

　図 6.4 のグラフは，n_{id} の値が 1.0, 1.3, 1.8 と異なる太陽電池に
ついて，V_{oc} 値が光量の対数に対して変化する特性を示したもので
ある．ここで，光量は J_{sc} に比例することから，この特性は V_{oc} 値

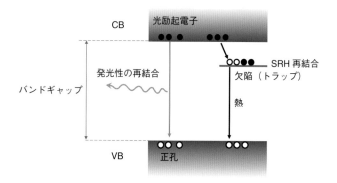

図 6.3　発光性を伴う直接再結合と欠陥トラップに由来する SRH 再結合

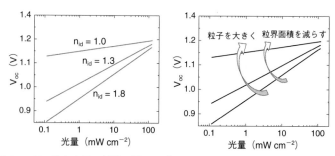

図 6.4　V_{oc} 値を光量の対数に対してプロットして得られる理想係数（n_{id}）の値（左），結晶粒子のサイズと粒界面積が n_{id} 値に与える影響（右）

を J_{sc} に対してプロットした結果（式 (6.1) の関係）と同じとなる．n_{id} の測定では，このように光量を変えて V_{oc} を測る方法がとられる．グラフからわかるように n_{id} が大きくなるにしたがい，光量の減少によって V_{oc} 値の低下する傾向が大きくなる．$n_{id} = 1.8$ では，光量が 1 桁下がることによって V_{oc} が 0.1 V ほど低下する．この

V_{oc} の低下は，発電の効率が低光量ほど落ちることを意味する．し
たがって，ペロブスカイト膜の質を高めて発電の効率を高めるとと
もに，n_{id} の値を 1 に近づけることが低光量（屋外の曇天から屋内
照明まで）の条件でも使える太陽電池の開発につながる．

　n_{id} 値を改善して低光量での発電能力を維持するには，ペロブス
カイト結晶膜中の欠陥（トラップ）の密度を減らさなければならな
い．その 1 つの方法が，結晶粒子の平均サイズを大きくして粒界の
面積を減少させることである（図 6.4 の右）．実験の結果からも，粒
子サイズの増加とともに n_{id} 値が減少し素子の変換効率が向上する
[78]．これは粒界の面積を減らすことで欠陥が減少するためであり，
n_{id} 値は欠陥密度と相関している．n_{id} 値を 1.3 以下とすると，後で
紹介するように屋内の弱い光の下でも V_{oc} が 1 V を超える素子を設
計することができる．

6.3　パッシベーションによる性能の改善

　粒界や電荷輸送層との界面に存在する欠陥を，添加剤等を使って不
活性化することで太陽電池の効率と耐久性を向上する方法をパッシ
ベーション（passivation）と称する．数多くの添加剤が passivator
としてはたらくことが知られる [79]．これらの添加剤の効果は，欠陥
が電荷をトラップするはたらきを抑えて発電特性を高めること，欠陥
がかかわるイオンの拡散を抑えること，そして，耐久寿命を延ばすこ
と，など様々な改善につながっており，パッシベーションはペロブス
カイト太陽電池の改良技術のトレンドとなっている．標準的な鉛系
の $MAPbI_3$ の結晶の場合，粒界などの表面に含まれるトラップ（欠
陥）は，10^{17} から $10^{18} cm^{-3}$ の高い濃度と見積もられ，これらが効
率的な電荷移動を妨げる原因となる [79]．トラップには，結晶の構

成イオンが既定の位置に収まっていないアンチサイトの欠陥やイオンが抜けた空乏をもつフレンケル (Frenkel) 欠陥などがある. また, スズ系ペロブスカイトの場合は, 2 価の Sn^{2+} のなかに不純物（酸化体）として混入する 4 価の Sn^{4+} がトラップとなる. これらのトラップを化学的に相互作用して不活性化するのが passivator の効果である. 鉛系ペロブスカイトでこの効果が知られるのが, フラーレンの誘導体の PCBM, n-butylammonium (BA), phenethylammonium (PEA), tetrabutylammonium (TBA) などの有機物のアンモニウムイオン, ピリジンのカルボン酸 (PA), 2,5-チオフェンジカルボン酸 (2,5-thiophene-dicarboxylic acid, TDCA) などである（図 6.5）. PCBM 以外は含窒素有機化合物である. PA は, 窒素が $MAPbI_3$ の MA と水素結合相互作用をすることで $MAPbI_3$ の表面を保護すると考えられる. また, PEA などのカチオンは $MAPbI_3$ の Pb に結合して PEA_2PbI_4 を形成して $MAPbI_3$ の表面に PEA からなる二次元ペロブスカイトの分子層を作って表面を保護する. TDCA は筆者らの研究でもヨウ素イオンの欠損した欠陥を保護するのに使用した [80]. このように極性をもつ有機分子の化学結合が, 結晶表面のトラップ濃度を減らして, 電荷再結合を抑制しペロブスカイトを改質する効果を示す. スズ系ペロブスカイトにおいても passivator が Sn^{4+} を減らす役目を果たし, エチレンジアミンやジアミノエタンなどのアミノ化合物や Ge イオンなどの効果が知られる [81]. さらに, ポリメチルメタクリレート（PMMA）などの高分子を passivator に使うことも高効率化に効いており [82], 粒界の表面を改質することがいかに効果的かがわかる.

　パッシベーションの効果を見る一般的方法は, 発光の計測である. トラップ由来の再結合が抑制されることで, ペロブスカイト結晶膜からの発光（PL）の増強が観測される. また, ペロブスカイト膜に電

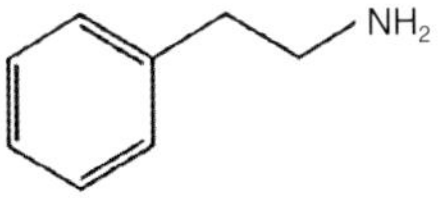

PEA（対アニオン，Br など）

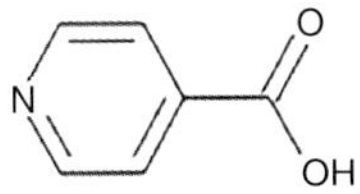

PA

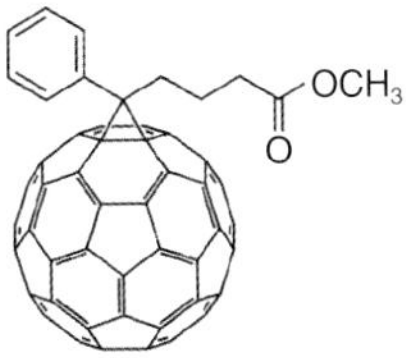

PCBM

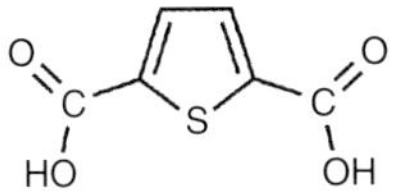

2, 5−チオフェンジカルボン酸

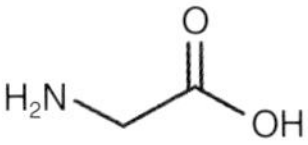

グリシン

$H_2N\text{-}NH_2$

ヒドラジン

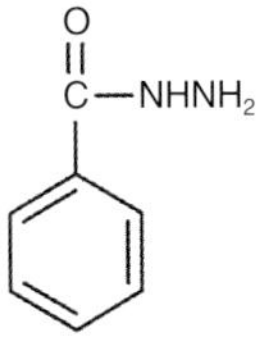

ベオゾイルヒドラジン

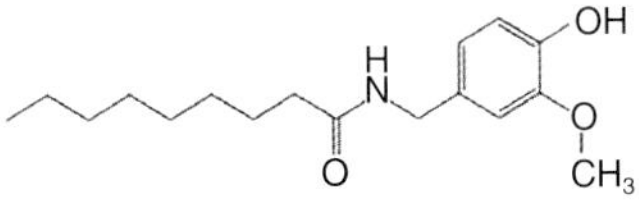

カプサイシン

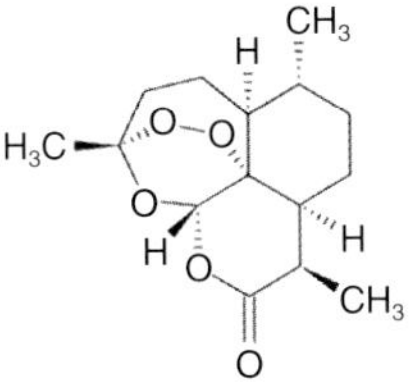

アルテミシニン

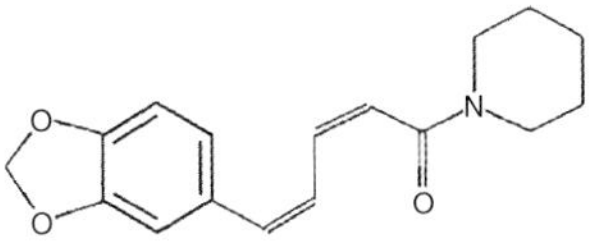

シャビシン（ピペリジン誘導体）

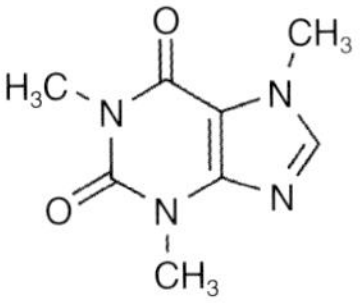

カフェイン

図 6.5　パッシベーションに使われる化合物の例

荷輸送材料が接合している状態では，パッシベーション効果によって電子移動（エネルギー変換）がより効率的になる結果，発光の消光が強まり，発光強度が下がる．図 6.6 にはこの変化を示した．PL の観測はこのようにトラップの抑制効果を簡便に調べることに役立つ．

　様々な添加剤のなかには，天然の物質や医薬分野で使われる有機化合物も，パッシベーションの効果が見出されている（図 6.5）．たとえばカプサイシン（capsaicin）とシャビシン（chavicine）はアルカロイドの一種であり，前者は，長鎖アルキルを持つことから疎水性を上げて湿気との反応を防止する効果も示す．また後者はコショウの辛味成分のひとつである．また，アルテミシニン（artemisinin）は，漢方薬に使われる植物（artemisia）から分離される成分で，薬学では抗マラリア薬として広く知られる．過酸化物として反応性をもって欠陥サイトに作用するものと考えられる [83]．また，より一

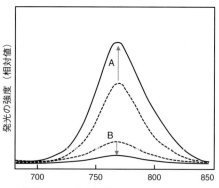

図 6.6　MAPbI$_3$ 結晶膜からの発光特性にみるパッシベーションの効果（矢印の変化），A は MAPbI$_3$ 単独のサンプル，B は電荷輸送材料が接合した MAPbI$_3$ からの発光の変化であり，破線はパッシベーションなし，実線はありの状態．

般になじみのあるのはカフェインである．カフェインの C＝O 基は
Pb^{2+} と相互作用してペロブスカイト表面を改質し，変換効率を上げ
るとともに素子の耐久性を顕著に高める効果が報告されている [84].

┌─ コラム ⑬ ─────────────────────────

太陽電池の発電で起こる電圧の損失

太陽電池の理論的な最大効率の根拠に使われるのが，半導体のバンドギャッ
プエネルギー（E_g）である．この E_g 値は半導体の吸収端波長の光子エネルギー
（eV）にほぼ等しい．エネルギー変換において，太陽電池の出力する電圧（V）
の根源となるエネルギーはこの E_g 値となる．しかし，熱力学の第二法則（コラ
ム 3）にしたがって，入力の光子エネルギーすなわち E_g 値が 100％電圧に変換
されることは理論的にありえない．必ず熱の放出を伴うことになり，これが発電
で起こる電圧の損失に対応するわけである．ほかのエネルギー変換の場合と同
様，この熱放出は結構大きい．pn 接合太陽電池でも 0.4 V 以上の損失は普通に
起こる（第 5 章，図 5.4 など参照）．このエネルギー損失を減じる努力が，太
陽電池の高効率化につながっている．

└────────────────────────────────

┌─ コラム ⑭ ─────────────────────────

様々な天然物質もパッシベーションに起用

パッシベーションに使える物質の多くが有機物であることは，ペロブスカイ
トが有機‒無機ハイブリッド材料であるという特徴を反映している．なかでもユ
ニークなのはバイオ関係物質である．医薬品として活性のある化合物，アルテミ
シニン（抗マラリア薬）やフッ化ピリミジンなどの抗がん剤も有用である．ま
た，たくさんの天然物質の効果が見つかっている．カフェイン（アルカロイドの
一種）のほか，ビタミン B（カルニチン），ビタミン D2，アルギニンやアスパ
ラギン酸などのアミノ酸，リコペン（カロテンの一種，抗酸化剤），ドーパミン

（神経伝達物質），アデニン（核酸の塩基）などを使った高効率化が報告され，DNA は正孔輸送材料にも使われた例がある．

　なかでも面白いのは，ウイルスをパッシベーションに使った例．細菌に感染する糸状バクテリオファージ（ノロウイルス）の 1 つである M13 ファージがアミノ酸の反応を介した粒界の改質に効くことがわかり，23％以上の効率のデバイスが得られている [85]．このような天然の有機物質が半導体結晶の改質にはたらくことは，従来の太陽電池では考えられなかったことである．

バクテリオファージ M13 （サイズ 6.6 nm×880 nm）がペロブスカイトの粒子界面に侵入して表面を改質する模式図（文献 85 より転載）

6.4　自己組織化分子膜（SAM）を使う界面の改良

　塗布や晶析といった化学工程で作る太陽電池では，化学の様々な反応をセルの設計に応用することができる．晶析反応は自己組織化の 1 つであるが，自己組織化反応でつくる有機分子膜も界面を改質することで高効率化に活用されている．その方法の 1 つとして，ダイポール（双極子）を持つ極性分子の単分子膜を界面に配列させることで，ペロブスカイトの表面に局部的な電場を導入する．こうすると電子の一方向的な輸送が促進されて，変換効率が向上するのであ

る．ここで自己組織化膜（SAM）の形成に使われる有機分子が，リン
酸（ホスホン酸）基を持つ (2-(9H-carbazol-9-yl)ethyl)phosphonic
acid(2PACz) などの誘導体である．リン酸基は図 6.7（a）のように
TiO_2 や SnO_2 などの金属酸化物と反応して結合するために，有機
ホスホン酸は金属酸化物の表面に SAM を形成する分子の代表でも
ある．図 6.7（b）には SAM 形成でよく用いられる Me-4PACz と
ほかの例として 4PADCB の例も示した．SAM が被覆された表面
では有機分子のダイポールが一方向に配列した電場が形成される．
SAM 膜は厚さわずか 1 nm の単分子膜である．図 6.7（c）は，透明
導電 SnO_2 電極基板上に形成した Me-4PACz の SAM 配列膜の上
にペロブスカイト結晶膜を被覆した模式図である．Me-4PACz のダ
イポールがもたらす電場の効果で，電極への正孔（＋）の移動が有
利な形で界面での電荷移動が整流化される状況を示している．この
Me-4PACz を使うことで正孔輸送層（HTL）のない構造のセルが可
能となっている．$Cs_{0.05}(FA_{0.98}MA_{0.02})_{0.95}Pb(I_{0.98}Br_{0.02})_3$ のペ
ロブスカイトに使ったセルでは 25％近い PCE が得られている [86].
リン酸基を使った表面改質の方法として，若宮らは図 6.7（d）のよう
な 3 個のリン酸基をもつ平面共役構造の分子を合成し，これを ITO
膜に平らに寝かせて表面を覆うことで，ペロブスカイト層の接合の
質を高め，効率改善に成功している [87].このような SAM を使っ
た界面の電荷輸送の改善は，タンデムセルの設計（6.8 節）にも活用
されている．

　筆者らはペロブスカイトと HTL の界面に PEAX（phenethy-
lamine halides: X = Br, I）の SAM を導入した．目的はペロブス
カイト表面に配向させた PEAX 分子膜のもつ双極子が電場を形成
し，これによって HTL の HOMO レベルをシフトさせて V_{oc} を増
加させることである．この方法で 1.51 eV のバンドギャップをもつ

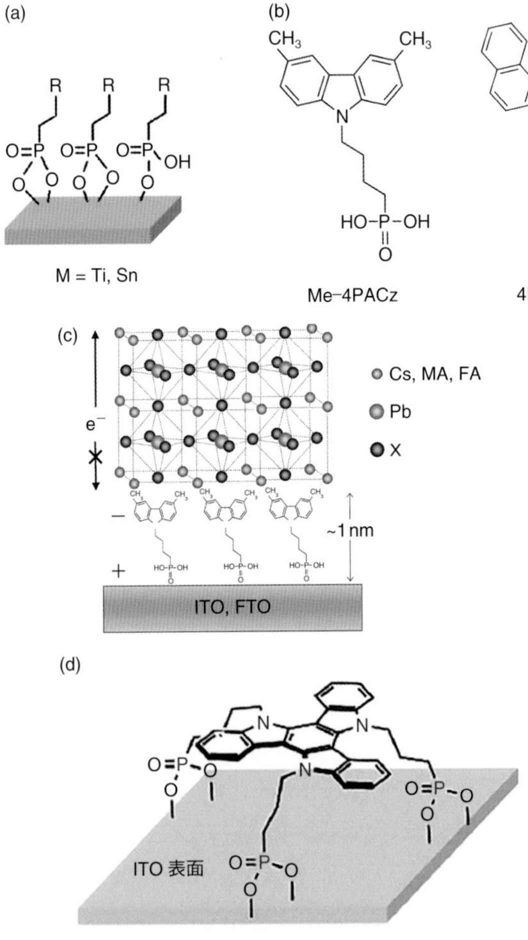

(a)

M = Ti, Sn

(b)

Me-4PACz

4PADCB

(c)

- Cs, MA, FA
- Pb
- X

e⁻

~1 nm

ITO, FTO

(d)

ITO 表面

図 6.7 リン酸基が金属酸化物表面の金属 (M) と結合する形 (a), リン酸基を持つ有機分子の例 (b) とこれを使って自己組織化配列膜で修飾された電極基板上にペロブスカイト結晶を固定化した模式図 (c), 3 つのリン酸基をもつ平面分子によって ITO 表面を覆った例 (d).

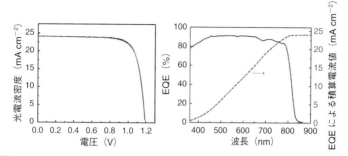

図 6.8 $Cs_{0.05}(FA_{0.83}MA_{0.17})_{0.95}Pb(I_{0.95}Br_{0.05})_3$ を用いる太陽電池の光電変換特性，PEABr 分子膜でペロブスカイト/HTL の界面を改質し V_{OC} を高めて PCE > 22%.

$Cs_{0.05}(FA_{0.83}MA_{0.17})_{0.95}Pb(I_{0.95}Br_{0.05})_3$ から 1.2 V 近い V_{oc} と 22%以上の PCE が得られている（図 6.8）[88]．電圧損失は 0.32 V 程度と小さく，これは最も優秀な GaAs 太陽電池の電圧損失（0.30 V）と同レベルであり，V_{oc} の値は SQ 限界に近い．

6.5 電荷輸送材料の最適化

　ペロブスカイト結晶膜を高品質にするだけでなく，これに接合する電荷輸送材料（ETM と HTM）の選択を最適化しないと高い効率は引き出せない．ETM と HTM のいずれも，電荷輸送能力（伝導性）とペロブスカイトに対するエネルギーレベルの適合，の 2 点において良いものを選ぶ必要がある．このとき，有機物と無機物のいずれも使うことができるが，後者は高温での成膜（焼成）を必要とする場合があるために，ペロブスカイトの上に成膜することは難しく，通常はペロブスカイトの下層に置くことになる．ETM に使

われる材料は，無機物では n 型の金属酸化物半導体（TiO_2, SnO_2 など），有機物ではフラーレンとその誘導体（PCBM など）が広く用いられる．伝導性の点では金属酸化物が有機材料より高く，TiO_2 や SnO_2 は 0.1〜100 S/cm の伝導率をもつのに対して，フラーレンの薄膜は伝導率がずっと低い．したがって PCBM などのフラーレン類は超薄膜として被覆する．

　HTM には，ETM に比べてより多くの種類の有機物が使用されている．無機物では p 型半導体性を持つ Ni 酸化物（NiO_x）が良く用いられる．そして広く用いられてきた有機物が spiro-OMeTAD（図 5.5）[66] である．この有機分子の固体薄膜は LiTFSI 塩などをドープして酸化処理することで伝導性を上げるが，それでも 10^{-5}〜10^{-4} S/cm 程度の低い伝導率である．ところが，spiro-OMeTAD はかなり厚い膜（$> 300\,nm$）でも正孔を輸送する性質を示す．この性質は小分子として異方性を持たないアモルファス膜となることから，三次元的（等方的）な正孔の拡散を容易にする効果がはたらいていると考えられる．このため，表面が平坦でないペロブスカイト層に対しても厚く塗ることによって光電応答を出せるメリットがあり，汎用性の広い HTM である．

　しかし，HTM に添加するドーパントはペロブスカイト層の中まで拡散して素子の劣化を引き起こす場合があるため，基本的にはドープをしないではたらく材料が求められる．そのような材料として，導電性高分子材料が HTM に使われている．ドープの有無によって 10^2〜10^3 S/cm の高い伝導率を示すが，spiro-OMeTAD と異なり，伝導に異方性を持つため，薄膜にすると厚み方向の電荷の移動距離が短く，100 nm 以下の超薄膜にしなければ HTM として十分に機能しない．したがって，導電性高分子を HTM に使うにはペロブスカイト層の表面をかなり平坦にする必要がある．高分子 HTM でよく用いられる

のは，poly(3-hexylthiophene-2,5-diyl)（P3HT）に代表されるポリ
チオフェン系，poly[bis(4-phenyl)(2,4,6-trimethylphenyl)amine]
（PTAA）などのフェニルアミン系の高分子であり（図 6.9）p 型の物
性をもつ．これらはドープすることで伝導性が上がる．しかし，最
近ではドープなしでも使える多くの高分子材料が合成され，ペロブス
カイト太陽電池の高効率化，高耐久化に利用されている．これらの無
ドープ型高分子材料はチオフェン系ポリマーの誘導体が多い．図 6.9
の DTP や DTSTPD-BThTPD はその例であり，後者の共役高分
子は，筆者の研究グループが無機組成のペロブスカイト（$CsPbI_2Br$）
の高効率化に応用した [89]．

　ETM と HTM のレベルは，エネルギー的にペロブスカイトの CB
と VB から電子と正孔を受け取るのに適したレベルに位置している
こと（図 5.5），そしてペロブスカイトと ETM，ペロブスカイトと

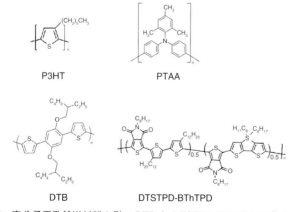

図 6.9　高分子正孔輸送材料の例，DTB と DTSTPD-BThTPD は無ドープで
　　　　使える材料

HTM の界面は物理的に空隙なく接合するだけでなく，電荷をトラップするような不純物や欠陥を界面に生じないことが電荷移動を促すことにつながる．図 6.10 は，各種の ETM, HTM とペロブスカイトとのエネルギーレベルの関係をまとめたものである．この図からわかるように，ペロブスカイトは，鉛とスズの違い，ハロゲンの違い（I, Br）によって，0.3 eV 以上エネルギーレベルが変化する．ETM, HTM もこの変化にあわせた材料を選ぶ，あるいは新たに合成することで高効率化を図ることになる．

以上は，ETM/ペロブスカイト/HTM の組合せを最適化する必要性について述べたが，すでに 5.2 節で解説したように，発電材料をのせる電極基板の物性も効率に大きく影響する．透明導電性材料（FTO や ITO）は 80％以上の高い光透過率を示しながら，高効率

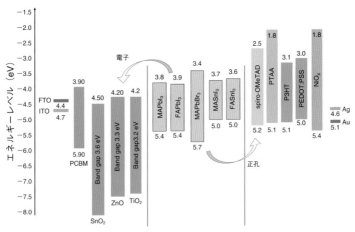

図 6.10 鉛系，スズ系ペロブスカイト，ETM, HTM の各種材料のエネルギーレベルの関係

化のためには FF 値を高めるために 15 Ω/square 以下の低いシート
抵抗値をもたせる必要がある．透過率がより高く抵抗の低い透明電
極として金属ナノワイヤーなどをパターニングした安価な電極基板
が開発されており，これらが効率向上に貢献することを期待する．

6.6　スズを用いるペロブスカイト

　ペロブスカイトに含まれる鉛は，太陽電池本体の中では微量であ
る（モジュール面積当たり 0.4 g/m² 程度）．しかし，環境安全性を
担保するために産業実用化では鉛を含まない材料が求められる．こ
のため鉛を含まないペロブスカイト材料の研究も活発化しているが，
非鉛のペロブスカイト材料による変換効率は，鉛ペロブスカイトで
得られる高効率には届いていない．そのなかでも，鉛ペロブスカイ
トに迫る効率の可能性をもつのが，鉛（Pb^{2+}）に換えてスズの 2 価
（Sn^{2+}）を用いるペロブスカイトである [90]．スズペロブスカイト
に期待されるのは，環境安全性の理由だけではない．スズ系材料は
鉛系材料ではできない赤外までの長波長の光吸収を実現するからだ．
集光能力が高まることで鉛系以上の変換効率を達成する可能性をも
つことになる．

　スズペロブスカイトは，反結合軌道からなる VB と CB の電子
構造，吸光係数の高さ，ハロゲン組成によるバンドギャップエネル
ギー（E_g）のチューニングなどの点で，鉛ペロブスカイトに近い物
性を持つ．合成の原料には PbX_2 に代えて SnX_2 の有機溶液を用
い，溶液塗工による晶析の方法も鉛系と同様である．鉛をスズに置
き換えることで，結晶の吸収端は 100 nm ほど長波長に大きくシフ
トし，$MAPbI_3$（約 800 nm）と $MAPbBr_3$（約 530 nm）に対して
$MASnI_3$ は 900 nm 以上，$MASnBr_3$ は約 600 nm 以上の吸収端を

もつ. E_g は 0.2〜0.3 eV ほど減少する. このように E_g を小さくして赤外までの光（波長 > 900 nm）を吸収させることで光電流が増加し, 変換効率は理論的には鉛ペロブスカイトを超えるレベルに届く. そうすると, GaAs（900 nm まで吸収）が達成する 29% 以上の効率を, 安価なペロブスカイトを使って実現することが期待できる. この目的を実現するより前に, 現在スズ系ペロブスカイトの応用が進んでいるのは, タンデムセルの試作である. 赤外まで吸収するスズ系ペロブスカイトのセルは, 鉛ペロブスカイト（可視光吸収）と組み合わせた高効率タンデムセルの設計（後述）に使われている.

　スズ系ペロブスカイトの結晶では有機カチオン（MA, FA）が光物性と安定性の制御に重要な役目をもつ. 鉛ペロブスカイトにおいては MA を FA に置き換えると長波長化し E_g が減少するが, スズペロブスカイトでは逆に短波長化して E_g が増加する（$FASnI_3$ の E_g は 1.41 eV, $MASnI_3$ の E_g は 1.30 eV）（図 6.10）. このように短波長化した $FASnI_3$ も, 鉛ペロブスカイトに比べるとまだずっと長波長吸収である. 図 6.11 には, MA からなるスズペロブスカイト $MASnX_3$ について, ハロゲン組成（I, Br）の違いによる光発電の分光感度（EQE スペクトル）の変化を示した. 応答の立ち上がり波長が E_g 値に相当する.

　課題は, 安定性の改善である. 鉛ペロブスカイトに並ぶスズペロブスカイト半導体の優れた光物性は 2 価のスズ（Sn^{2+}）からなる組成によって支えられている. しかし Sn^{2+} イオンは酸素や水と触れることで Sn^{4+} に酸化されやすく極めて不安定であり, 成膜も不活性ガス中（グローブボックス内）で行われる. 完成したセルも酸素の侵入を防ぐためのバリア性の高い封止を必要とする. 結晶膜中に微量に混入する不純物の Sn^{4+} は電荷のトラップとなって光電変換の効率を落とすため, Sn^{4+} の混入をなくすかあるいはパッシベーショ

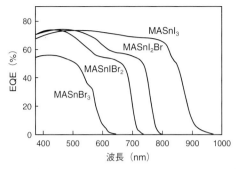

図 6.11 スズペロブスカイト MASnX₃ におけるハロゲン組成（I, Br）の違い
によるエネルギーレベル，バンドギャップ，光発電の分光感度（EQE
スペクトル）の変化

ンによって不活性化する対策が必須となる．そこでまず，セルの構
造には Sn^{4+} の生成を引き起こすような酸化物（TiO_2, SnO_2 など）
を ETM に用いず，これに代わって有機材料のフラーレン（C_{60}）な
どが ETM に使われる．しかしフラーレンは分子超薄膜であり，電
極基板に塗布する方法はとらないために，セルの層構成は，基板側
に HTM を塗布し，ペロブスカイト表面にフラーレンを被覆した逆
層型となる．図 6.12 は，この逆層型のスズペロブスカイト太陽電池
の層構成の例である．

　スズ系ペロブスカイト太陽電池の高効率化には，有機カチオンと
して一般に FA が用いられる．理由は，FA が MA に比べて性能と
結晶の安定性の両面で有利なためで，Sn^{2+} の酸化は FA の組成の
ほうが MA の組成より起こりにくい．また，MASnI₃ は半導体と
しては p 型の性質に傾くが，FASnI₃ は真性半導体の性質に近くな
り電子と正孔が均等な移動性をもつことから光電変換に有利となる．
鉛をすべてスズに置き換えたヨウ化ペロブスカイトを用いる太陽電

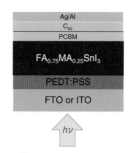

図 6.12 スズペロブスカイトを用いる太陽電池の層構成の例

池は 2014 年に結晶学を専門とする Kanatzidis らが 5％という低い
変換効率（PCE）[91] を報告したのち PCE は日進月歩で向上し，
2020 年には 10％を超えるセルが多く報告され，現在は約 15％に達
している [92]．高効率を達成したセルは，基本的に有機カチオンに
FA を用いて組成の改良と欠陥の抑制を行ったものである．図 6.12
の構成のセルは，PCE が 12％のセルであり，ここでも有機カチオ
ン中に FA を 75％含むペロブスカイトが用いられている．

　スズ単独ではなくスズと鉛の混合からなる組成も高効率化が進ん
でいる [92, 93]．このスズ/鉛混合ペロブスカイトは，高効率と安定
性の両面でスズ単独のペロブスカイトよりも優位であり，実用性が
期待される．組成に含まれている鉛の使用量が大きく減るだけでな
く，鉛が加わることは Sn^{2+} の耐酸化安定性も高めることにつなが
る．また，スズ（Sn）/鉛（Pb）のモル比によってはスズ 100％の組
成よりもより長波長の光吸収特性をもつようになる．図 6.13 には，
スズを組成に含む各種のペロブスカイト結晶半導体のバンドレベル
の全体を，鉛ペロブスカイトとの比較でまとめた．スズ 100％の半
導体についてはハロゲン組成の違いによるエネルギーレベルの変化
を示してある．また，Pb-Sn 混合ペロブスカイトについては Sn/Pb

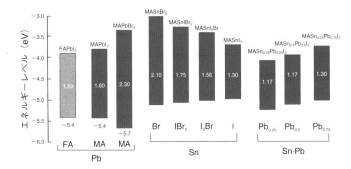

図 6.13 スズを含むペロブスカイト結晶半導体（有機カチオンが MA の場合）
のバンドギャップ（棒中の値）とエネルギーレベル，参考に鉛ペロブ
スカイトのレベルも示す.

の混合比が与える影響を比較した. ここで，Sn 100% の組成に Pb
を 25〜75% の範囲で添加したものでは，Pb 100%（MAPbI$_3$）の性
質に向かってバンドギャップが増加するのではなく，むしろ減少し
ているのがわかる. この特徴から Sn-Pb 混合ペロブスカイトは，長
波長吸収特性を引き出す目的で有用である.

　Sn-Pb 混合ペロブスカイトとして一般に使われるのは Sn/Pb
が等モル比の組成であり，有機カチオン（MA, FA）の種類を変
えてもバンドギャップはおよそ 1.2 eV（波長およそ 1000 nm）近
くとなる. このギャップであれば太陽電池として高い PCE を得
ることができる. たとえば，スズと鉛の等モルに，FA と MA を
混合カチオンに用いたペロブスカイト（FA$_{0.7}$MA$_{0.3}$Pb$_{0.5}$Sn$_{0.5}$I$_3$,
Cs$_{0.1}$FA$_{0.6}$MA$_{0.3}$Sn$_{0.5}$Pb$_{0.5}$I$_3$ など）が高効率化を達成し，24%
近い PCE が得られている [94]. 鉛単独のペロブスカイトの J$_{sc}$
（25 mA cm^{-2} 程度）に比べて J$_{sc}$ は 32 mA cm^{-2} 以上と大きく，
V$_{oc}$ も 1.24 eV のバンドギャップから十分に高い 0.9 V が得られて

いる．効率は鉛系ペロブスカイトの最高値（26％）を超えていないが，鉛系にはない長波長吸収の能力があることから，これらのセルはタンデムセルを構成する赤外吸収セルに使える．

スズ系ペロブスカイトにおいても，高効率化に役立っているのがSn^{4+}などの欠陥の影響を抑制するためのパッシベーションである．これに用いる添加剤（passivator）は，アンモニウム系のPEA，BA，ヒドラジン類，ジアミノエタンなどがあり，これらは鉛系と共通するが，とくにスズ系に作用する効果があるのが無機物のSnF_2やGeI_2である．SnF_2はSn^{4+}の濃度を減じる効果を示す．GeI_2は粒界の表面に作用して保護膜を作ると考えられ，Sn^{4+}の発生を抑制する．このほかパッシベーションの効果が得られるものに，フッ化アニリン，グアニジニウム塩，アミノエチルピペリジンなどがあり，いずれもアミノ化合物や窒素化合物である点が共通している．

6.7 全無機組成のペロブスカイト

化学史のなかでハロゲン化ペロブスカイトとして最初に合成されたのは$CsPbX_3$（X＝Br, I）であり，無機物の組成であった（1893年）[12]．MAやFAを含む有機無機複合のペロブスカイト材料は耐熱性が150℃程度に限られるが，有機物を含まない$CsPbX_3$は耐熱性が高く，$CsPbBr_3$は400℃までの耐熱性を示す．太陽電池が太陽光輻射のみで100℃以上に昇温することはほとんどないが，大面積のモジュールでは，発電時の電流の逆流が原因で，モジュールの一部に電流負荷がかると局部的に200℃以上となることがある．その熱で電極端子のハンダが緩んで抵抗が上がるとさらに加熱され最悪の場合には発火する．滅多に起こらないが，これがソーラーパネル火事である．このリスクから，屋外に用いる太陽電池モジュールは少

なくとも 200 ℃以上の耐熱性をもつことが望ましい．この点で実用には全無機組成のペロブスカイトが求められるわけであるが，その効率は有機無機ペロブスカイトのレベルに追い付いていない．その理由は $CsPbX_3$ の E_g 値がやや大きく集光量（光電流出力）が減ることと，電圧出力の損失が大きいことであった．全無機組成のハロゲン化ペロブスカイトとしては鉛やスズを用いる $CsMX_3$（M＝Pb, Sn）の組成をもとに添加剤によるパッシベーションなどを行って光電変換特性を改良する方法が一般的である．鉛，スズに代えて，銀（Ag），ビスマス（Bi），アンチモン（Sb），銅（Cu）などを組成に用いる結晶も光電変換機能が見出されており，人体により安全な材料として果敢な研究の対象となっている．しかし発電の効率は 10％以下と低い．

 $CsPbX_3$ の太陽電池の効率を高めるためには開回路電圧（V_{oc}）を改善する必要がある．この改善には，$CsPbX_3$ と電荷輸送層が接合する界面で起こるエネルギー（電圧）損失を減らすことが基本的である．後述の方法でこの損失を減らすことで筆者らは $CsPbX_3$ 太陽電池から高い V_{oc} を引き出すことに成功した．そして V_{oc} が高まった結果，低い光量においても高い効率を維持できること，そしてさらに，屋内照明のもとで優れた発電能力を発揮することが示された．低光量や屋内環境での発電は，IoT 機器の電源としての用途にもマッチすることから，産業応用の分野を広げる（第 8 章 8.2 節）．

 ペロブスカイトの A サイトを有機カチオンから Cs に置き換えると E_g が増えて短波長シフトする．集光に有利であり E_g が最も小さいヨウ素 100％の $CsPbI_3$（E_g 約 1.7 eV）が高効率化の候補であるが，許容因子がやや小さいために（第 3 章 3.1 節），室温では光電変換に不活性な δ 相が生じやすく，活性な α 相の結晶は高温のみで安定化される（結晶の色は α 相では暗褐色であるが δ 相では黄色に

変じることから目視で判定できる).CsPbI$_3$ を室温で安定化するための添加剤の技術も進んできたため,実用化では有機系ペロブスカイトが CsPbI$_3$ 系に置き換わることを期待したい [31].

筆者らは α 相が室温で安定であり E$_g$ が 1.9 eV(700 nm までの可視光吸収)の CsPbI$_2$Br に注目し,その V$_{oc}$ を高める改良を行った [87].まず電子輸送層(ETL)に SnO$_2$ のメソポーラス薄膜(<30 nm)を用いる順層構造のセルを作り,ここで,ペロブスカイトとの界面の電荷再結合を抑制するために,SnO$_2$ への正孔の移動をブロックする中間層として非結晶性 SnO$_x$ の超薄膜(5 nm 以下)をSnO$_2$ 層の表面に被覆する.非晶質膜は粒界のない緻密な連続膜となるために,SnO$_2$ 表面をピンホールなく覆うことができる.反面,非晶質の SnO$_x$ 膜は絶縁性に近いため厚いと抵抗値を上げてしまうため数ナノメートルという超薄膜で成膜する.表面改質の効果として,電子はこの超薄膜をトンネリングして SnO$_2$ へ移動できるが,正孔の注入(逆電子移動)は SnO$_x$ の物性によってブロックされる.こうして,界面での再結合が抑制されるわけである.

この SnO$_2$/SnO$_x$ の ETL を成膜した ITO 透明導電膜上に,CsPbI$_2$Br ペロブスカイトを原料溶液(CsBr, PbI$_2$, DMSO/DMF混合溶媒)から回転塗布で成膜すると,CsPbI$_2$Br 膜はかなり平坦な表面の結晶膜となる.このように表面が平坦になれば,正孔輸送層(HTL)には低分子の spiro-OMeTAD に代えて,電荷拡散距離の短い高分子材料の超薄膜(厚さ< 50 nm)を用いることができる.ここで用いたのはチオフェン系共役高分子材料 DTSTPD-BThTPD(図 6.9)の薄膜であり,この高分子膜はドーパントを使わなくともp 型材料として十分な伝導性をもち,また耐熱性も高い.ドーパントが他の層に拡散することによるセル特性劣化の影響を受けないのもメリットである.

このように作製した素子は図 6.14 に示すような積層構造であり，メソポーラス SnO_2 層がかなり薄いことからプラナー型の構造（図 5.2）に近い．SnO_x の超薄膜は電顕写真では確認できないほど薄い．平坦な $CsPbI_2Br$ ペロブスカイト層は粒界も目立たず連続しており，基板を除く全厚みの約 95％はペロブスカイトが占める．この層構造を使うことで電荷再結合が効果的に抑制されて，光電変換には優れた

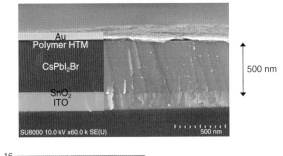

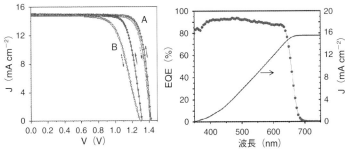

図 6.14 $CsPbI_2Br$ と高分子正孔輸送材料 DTSTPD-BThTPD を用いるペロブスカイト光電変換素子の断面構造（上），J–V 特性（左，A は DTSTPD-BThTPD，B は比較として P3HT を用いた特性，矢印は電圧スキャンの方向）そして EQE スペクトル（右，右軸は積算光電流値）

J–V 特性が得られる（図 6.14）．注目は V_{oc} 値であり，1.4 V を超えるレベルまで高まる [89]．比較として，非結晶性 SnO_x の膜を被覆しないセル構造では，V_{oc} は 1.2 V に届かない．また，HTL の高分子材料に P3HT を用いる場合も，V_{oc} は低くなり，さらに J–V 特性にヒステリシスも生じている．この違いはペロブスカイトと HTL の界面の電荷輸送に不効率があることを意味する．以上の比較から，ETL/ペロブスカイト/HTL の接合界面の改良と HTL の選択がいかに重要であるかがわかる．この太陽電池は，バンドギャップが大きいため可視光領域の 700 nm までの吸収しかもたないが，高い V_{oc} 値に支えられて太陽光下で 17.4％の効率を与える．E_g からの電圧損失（$E_g - V_{oc}$）の約 0.5 V は，Cs 系の無機ペロブスカイトを用いる太陽電池としては十分に小さい．そして，高電圧特性に支えられて，この素子は第 8 章で述べる屋内照明環境での発電では 34％を超える効率を与えることになる（8.2 節参照）

　ハロゲン組成を変えることで吸収特性と E_g 値を自在に調整できることがペロブスカイト太陽電池の魅力である．ヨウ素と臭素が等モルの $CsPbI_{1.5}Br_{1.5}$（$E_g = 1.91$）のセルでは，V_{oc} 値は 1.5 V 以上が得られる [80]．ここで，セルの J–V 特性を最適化するために，ヨウ素イオン欠損サイトによる欠陥のパッシベーション処理を行った．これに用いたのが 2,5-ジチオフェンカルボン酸（TDCA）である．図 6.15 は，この改善で得られた J–V 特性であり，V_{oc} の 1.51 V は E_g 値から 0.4 eV の損失であり十分に小さい．

　$CsPbX_3$ ペロブスカイトでは V_{oc} の増加が効率向上に効いてくる．この V_{oc} 向上に大きな効果があるのが欠陥を抑制するパッシベーションの方法である．このパッシベーションの添加剤には PEA やグアニジニウム誘導体などの有機分子が用いられるほか，多くの金属カチオン（Sn^{2+}, Ge^{2+}, Mn^{2+}, Sr^{2+}, Mg^{2+}, Ba^{2+}, Fe^{2+},

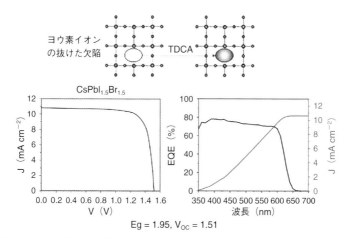

図 6.15 ヨウ素イオン欠陥の TDCA による抑制（上）を施した CsPbI$_{1.5}$Br$_{1.5}$ を用いるセルの J–V 特性と EQE スペクトル.

Zn^{2+}, Eu^{2+}）が試みられ，ヨウ素欠陥などのパッシベーションによって V$_{oc}$ を高める効果が見出されている [80]. このような結晶膜の改質を行うことで最も E$_g$ の小さい CsPbI$_3$ の変換効率（PEC）は 20％を超えるレベルに届いている. CsPbX$_3$ と HTL の接合界面を改質して高効率化する例として，フッ素化合物の CsF を使って CsPbX$_3$ 表面の正孔輸送を改善すると，CsPbI$_{3-x}$Br$_x$（x = 0.25〜0.4）のセルにおいて 1.27 V の V$_{oc}$ と 21％を超える高い PCE が得られる [95]. 有機化合物を使う例として，バイオ分子のヒスタミン（histamine）の分子膜を CsPbI$_{3-x}$Br$_x$ 結晶表面に被覆して界面の再結合損失を抑制すると V$_{oc}$ が向上して PCE が 21％近くに高まる [96]. また，無機材料による CsPbX$_3$ 表面のパッシベーションとして，CsCl と PbI$_2$ の反応で生じる二次元（2D）結晶の Cs$_2$PbI$_2$Cl$_2$ を使って，CsPbI$_{2.5}$Br$_{0.5}$ 層の表面欠陥を抑制する方法もある. こ

の場合は，無機材料どうしで結晶格子の整合の良い 2D/3D 接合が
できることが特徴である [97]．

　以上のように無機ペロブスカイトは Cs を用いる組成が基本的で
あり，有機無機複合ペロブスカイトに比べて耐熱性が 200〜400 ℃ と
高いことが利点である．その一方で，有機カチオン（MA, FA）を用
いる組成より Cs を含む組成は吸湿性が高いことが弱点である．し
たがって，セルの層構成中に疎水化合物の層を加えたり，ガスバリ
ア材料などによる封止を強化したりすることで耐久性を確保しなけ
ればならない．

6.8 タンデムセル

　最高効率が 26 % に近いペロブスカイト太陽電池では，短絡光電流
密度（J_{sc}）と開回路電圧（V_{oc}）が SQ 理論限界にほぼ近い．さら
なる効率の向上には 2 つの方法がある．1 つは，ペロブスカイトの
組成を改良し，バンドギャップ（E_g）を減らして GaAs と同等な
値（波長で 900 nm）とすることで，単セルの効率を GaAs の最高
効率（> 29 %）まで近づけることである．しかし，この方法では，
約 30 % が限界となる．もう 1 つの方法は，異なる分光感度を持つ 2
種以上のセルを接合したタンデムセルの作製である [3]．この方法な
らば 35 % を超える効率が可能であるためタンデムの作製に向けた開
発が活発化している．2 接合型のタンデムとして一般的なのが結晶
シリコンとペロブスカイトの接合であり，その効率は 2023 年には
33.9 % に届き，さらなる高効率化が進んでいる．

　タンデムセルでは，光が入射する側の上層に可視光を吸収するバ
ンドギャップの比較的広い（ワイドバンドギャップ，WBG）半導
体，下層には赤外光までを吸収するバンドギャップの比較的狭い（ナ

ローバンドギャップ，NBG）半導体を配置した構成となっている．
WBG 半導体にペロブスカイト，NBG 半導体に結晶シリコンを接合
したタンデムセルでは，2 つの半導体のセルが電気的に直列に接合さ
れた構造であり，太陽光スペクトルの光子数分布を WBG と NBG
のセルが均等にシェアして同等の光電流を発生する．この光電流は
それぞれの単セルの値と同等であるが，開回路電圧（V_{oc}）が 2 つの
セルで加算されることから，結果として出力と効率が高まる．設計
上で必要なことは，吸収する光子数が 2 つのセルで同一になるよう
にバンドギャップを調整して，それらの短絡光電流（J_{sc}）を同一に
調整することである．ここでペロブスカイトを用いると好都合なの
は，バンドギャップを Pb:Sn 比あるいはハロゲン比を変えることで
細かく調整できることである．このタンデムセルにおいても高効率
化に重要なのは，それぞれの単セルの V_{oc} を高めておくことである．

　図 6.16（a）に示した例は，シリコンとペロブスカイトの 2 接合
タンデムセルの構造である．図 6.16（b）は，このタンデムにおい
て，太陽光照射スペクトルを 2 つのセルの光吸収でシェアする状況
を示した [98]．約 780 nm まで吸収のある WBG のペロブスカイト
層（$MAPb(I_{3-x}Br_x)$ など）とこれを通過した光を吸収する NBG
の結晶シリコンは，それらの EQE スペクトルの積分値すなわち J_{sc}
値が同一となるように調整されている．この調整は，ペロブスカイ
トのハロゲン組成（I と Br の混合比）を変えて吸収端波長（バンド
ギャップ）を移動させることによって行う．たとえば 800 nm より
短い波長は $MAPbI_3$ のハロゲン組成に Br をわずかに混合すること
で得られる．

　タンデムセルの層構成で特別に必要となる層は，上層の WBG セ
ルを透過した光を下層の NBG セルに届けるために，上層と下層の
接合部に設ける光学的に透明な伝導層である．これは再結合層と呼

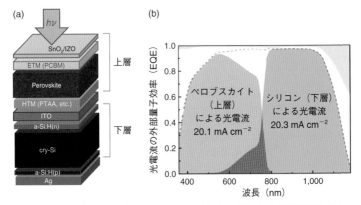

図 6.16　ペロブスカイトとシリコンの 2 接合タンデムセルの積層構造（a），
　　　　ペロブスカイトとシリコンの各々のセルから生じる光電流の EQE ス
　　　　ペクトル（b）

ばれ，ペロブスカイト／シリコンのタンデムでは，ペロブスカイト
から移動する正孔とシリコンから移動する光励起電子がここで結合
して，一方向的な電子の流れ（光電流）をつくる．図 6.16（a）で
は透明導電 ITO 膜が再結合層の役目を担う．SnO$_2$ の超薄層が使わ
れる場合もある．ここで，ペロブスカイトがとるべき層構成の順が
決まる．図 6.16（a）ではシリコンセルの p/n 接合がペロブスカイ
トに接合する面が n 型（電子受容層）となっているため，この n 型
と接するペロブスカイトセルの面は正孔輸送層（HTM の層）とな
る必要がある．したがって，このタンデムではペロブスカイトセル
は逆層型構造すなわち p-i-n 接合（図 5.2 参照）をとる必要がある．
逆層型構造では最上層の光入射面に ETM が置かれる．この ETM
にはペロブスカイトを熱的に劣化させない低温成膜材料を選ぶ必要
があるために，この図のようにフラーレン（PCBM）が用いられて

いる.

タンデム型の最も高い効率はペロブスカイトと結晶シリコンの2接合のタンデムで得られており，Helmholtz 研究センター（ドイツ）[98] や Longi 社（中国）が取り組み，効率は34％を超えるレベルに達している．タンデムを構成する NBG のシリコンセルは，光吸収を増強するための凹凸のテキスチャーが表面に施されており，この表面にペロブスカイトの薄膜を被覆する（図6.17）．ペロブスカイト薄膜はシリコン基板より圧倒的に薄く，この凹凸表面にペロブスカイトを均一な厚みで被覆するためには，溶液法に換えて化学蒸着法などが使われることが多い．ペロブスカイトとシリコンの2接合は効率が高いが，シリコンとペロブスカイトでは半導体特性や物性にギャップがある．たとえば，発電能力ではシリコンは低光量に対して V_{oc} が大きく低下する．耐熱性も異なりシリコンよりペロブスカイトは膨張係数が大きい．また，材料コストの点では，ペロブスカイトのほうがずっと安価となる．

そこで，タンデムをすべてペロブスカイトの接合でまとめる方法が期待される．図6.18 はその例である．(a) は2接合のタンデムセルであり，WBG セルには FA をカチオンとする鉛系ペロブスカ

図6.17　ペロブスカイトとシリコンの2接合タンデムセルの接合部の電子顕微鏡画像．シリコンの表面を厚さ1 μm ほどのペロブスカイト層が覆う [98].

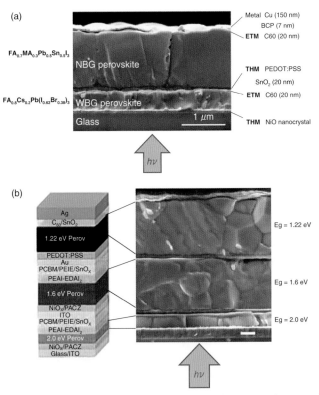

図 6.18　ペロブスカイトのみで作るタンデムセル．（a）は 2 接合のタンデム
　　　　セルであり，WBG セルに鉛とスズの混合系組成，NBG セルに鉛系
　　　　の組成のペロブスカイトを用いる．（b）は 3 接合のタンデムセルで
　　　　あり，全無機組成の CsPbI$_{3-x}$Br$_x$（Rb のドープあり）がそれぞれの
　　　　セルに起用されている．

イト，NBG セルには，FA をカチオンとして鉛とスズの混合系か
らなるペロブスカイトが用いられている [99]．オールペロブスカイ
トのタンデムでは，NBG セルが 1000 nm を超える吸収端をもつ
ためにスズ混合系ペロブスカイトを使用しなければならず，この例
では，鉛とスズの 1：1 の混合系を用いている．ETM と HTM の
配置はシリコンを使うタンデムと同様であり，ETM にはフラーレ
ンが，HTM には NiO と導電性高分子の PEDOT，再結合層には
SnO_2 が用いられ，一部を除いてすべて溶液塗布すなわち安価なプ
ロセスで成膜される．WBG セルは 700 nm までを吸収し（E_g 約
1.77 eV），約 17 mA cm^{-2} の J_{sc} を与える．WBG セルの透過光を
受ける NBG セルの J_{sc} もこれに一致する．WBG セルは単セルで
は V_{oc} = 1.22 V（効率 17％），NBG セルは V_{oc} = 0.84 V（効率
22％）の性能を与える．この組合せによってこのタンデムセルは V_{oc}
が約 2 V となり，効率は 26.4％を与えている．図 6.16 のシリコン
とのタンデムセルよりも効率が低いのは，ペロブスカイト NBG セ
ルの吸収範囲がシリコン NBG セルに比べて短い波長にとどまって
いて J_{sc} が小さいためである．しかし，V_{oc} を高めることでペロブ
スカイトのみのタンデムセルの最高効率は向上しつつあり，報告で
はすでに 30％近い効率（V_{oc} > 2.1 V）が得られている．

　さらに，3 接型のオールペロブスカイトタンデムセルの試作も
進んでいる．図 6.18（b）がその例であり，ここでは耐熱性の高い全
無機組成のペロブスカイト $CsPbI_{3-x}Br_x$ が，NBG，WBG，そし
て中間のバンドギャップの 3 つのセルに用いられているのが特徴で
あり，PCE として 24％以上が得られている [100]．これらのタンデ
ムセルを見ると，WBG セルに比べて NBG セルの層がずっと厚い．
これは WBG 材料に比べて NBG 材料の光吸収係数がやや低く，厚
みを変えることで光電流を同等にするためである．

オールペロブスカイトのタンデムでは発電層がシリコン系よりは
るかに薄いことから，セル全体を薄く，そしてフレキシブルにする
こともできること，そして安価であることが優位である．また，ペ
ロブスカイトの特長である弱い光に対する十分な電圧出力を持って
いることもメリットである．

フレキシブルにする目的では，ペロブスカイトと CIGS を組み合
わせるタンデムセルも薄膜化が可能である．この場合は，WBG セ
ルがペロブスカイトであり，NBG セルは CIGS でありバンドギャッ
プを 1.1 eV まで狭くできる．現在 2V 近い V_{oc} と 30%近い変換効
率が得られているので，性能はオールペロブスカイトタンデムと同
等といえる．しかしコストの点では成膜に低コストの溶液塗布が使
えないため，CIGS のほうが割高となる．

6.9 太陽電池を使う水素生産

前節で示した $CsPbX_3$ のセル，そしてタンデムセルは効率が高い
だけでなく出力電圧が高いことが，一般の太陽電池に比べて優れる
特長である．そしてこの高電圧特性を使って期待できる応用の1つ
が，水の電解による水素生産である．水の電解の理論電圧は 1.23 V
であるが，工業電解では 2V 以上が使われており，電解の過電圧が
熱的な損失となっている．自然界の光合成では過電圧がゼロで電解
が実現していることは先に述べたとおり（コラム 4）．人工光合成の
研究分野では，過電圧を縮小する効果のある酸化還元の触媒材料を
電極反応に組み合わせることで，可視光を吸収する化合物半導体の
光電極反応を使った水素生産に取り組んでいる [101]．この電極触媒
は，太陽電池による発電を使った水の電解にも活用することができ
る．ただし，この方法には太陽電池が可視光を十分に集光できるこ

と（バンドギャップが十分に小さいこと，< 2 eV），そして出力電圧が電解に必要な値（1.5 V 以上）であることが要求される．それならばバンドギャップの小さいシリコン太陽電池を直列に並べて電圧を稼げば良いのではないか，という方法では解決にはならない．なぜなら，太陽電池の設置に余計な面積が必要となり，エネルギー効率を落とすからだ．高電圧のタンデムセル（V_{oc} > 1.8 V）ならば，セル 1 つの受光面積で目的を達成できる．また，V_{oc} が 1.5 V 以上の $CsPbX_3$ のセルでも可能性が出てくる．

この目的で GaAs からなる V_{oc} 出力の高い太陽電池を使い，酸化還元の電極触媒と組み合わせる方法によって，水電解による水素生産を，14%に近いエネルギー変換効率で達成した研究も報告されている [102]（図 6.19）．太陽光から水素を生産する効率として十分に

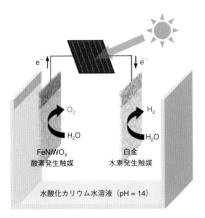

図 6.19 太陽電池の出力電圧を用いた水電解による水素生産［新潟大学報告書より引用， https://www.niigata-u.ac.jp/wp-content/uploads/2022/07/220701rs.pdf］

高い値が得られており, この方法にペロブスカイトを用いるとコスト的にはさらに安価な水素生産システムができあがると期待できる.

6.10　ペロブスカイト太陽電池の耐久性

6.10.1　耐熱性

　ペロブスカイト結晶の安定性および完成した素子の耐久性については各章で触れてきたが, この項では, 耐熱性, 耐光性, 耐湿性の 3 つについて状況をまとめる. まず, 温度に対する安定性 (耐熱性) については材料の基本的な耐熱性を知っておかなければならない. 有機無機ペロブスカイトは有機カチオンに MA を用いるものは 120 ℃ 程度, FA のみを用いるものは 150 ℃ 程度が限度である. 筆者らが調べた結果, DFT 計算によれば, $MAPbI_3$ の分解 (MA の解離) と $FAPbI_3$ の分解 (FA の解離) のエネルギーはそれぞれ 1.32 eV, 1.42 eV であり, これをもとに 60 ℃ に暴露されたときの寿命は, それぞれ約 70 日, 約 356 日と見積もられ, 有機カチオンの耐熱性としては FA がずっと安定である [103]. 一方, $CsPbX_3$ などの無機ペロブスカイトは 200 ℃ ~400 ℃ までの圧倒的に高い耐熱性をもつ. 鉛を用いない無機ペロブスカイトも同様な高温耐熱性をもつ.

　ペロブスカイトのみならず周辺の添加輸送材料の耐熱性も無視できない. ETM の TiO_2 や SnO_2, HTM の NiO などの無機酸化物は 500 ℃ 以上まで安定であるが, 有機材料として用いる低分子 HTM (spiro-OMeTAD など) はドーパントを用いるとその拡散が高温で起こることから 200 ℃ 以上の耐熱安定性は保証できない. 一方, 高分子材料の HTM はガラス転移温度 (T_g) にも影響されるが, 実用上はドーパントを用いない材料では 200 ℃ 以上まで安定である.

　次に透明電極基板の耐熱性も知っておかなければならないが, FTO

被覆ガラス基板はFTO膜が500℃程度までは問題なく安定であるが，ITO膜では一般に250℃以上で結晶化などの問題によって抵抗値が上がる場合があり，FTOより耐熱性が低い．とくにプラスチックフィルムに低温で被覆したITO膜は非結晶性であり200℃以上で結晶化が進んで物性が変化する場合がある．もっともPETなどのプラスチックフィルムは200℃までもたず，150℃が上限と考えられる．

　耐熱性の影響は，材料の基本物性だけでなく，界面にも影響を与える．界面の構造は材料のバルクと異なり不純物や欠陥を含むからである．界面がどのくらい耐熱性があるかは，作ったセルの構造（界面）の質によって様々であり，パッシベーションを施したセルでは大きく改善されることは，すでに述べたとおりである．耐熱性の確保は重要であり，なぜならば，実用モジュールにおいて，大気の湿度や酸素などと違って，熱の影響は逃げることができないからである．

6.10.2　耐光性

　熱と同様に，光による劣化への影響も逃げることはできない．しかし，困ったことにペロブスカイトの結晶組成によっては光が刺激となって結晶構造に変化が起こる．これがハロゲンイオンの移動と組成変化がもたらす分相（phase segregation）である[104, 105]．これは特定の組成範囲において起こるため回避することは可能である．変化が起こる組成は，アニオンがハロゲンの混合組成であり，ヨウ素（I）と臭素（Br）のモル比が同等程度かそれに近い範囲にある場合である．IとBrがXサイトに均一に混合した固溶体$MAPb(I_{1-x}Br_x)_3$の場合，強い光の照射によってハロゲンが移動し，$MAPbI_3$と$MAPbBr_3$に分相する挙動を示す．ペロブスカイト結晶はソフトな構造のためか，強い光の吸収によって結晶格子が伸びる現象が起こることがわ

かっており，この現象が分相に関連しているとも考えられる．分相の挙動の特徴は，光量が低い条件では遅くなり，屋内の照明光などではかなり小さいこと，そして，暗中に置くともとの混合ハロゲンに戻ることである．

　分相が起こったことが明瞭にわかるのが，分光吸収特性と蛍光特性の計測である．固溶体状態では，吸収と蛍光のピークは 1 つであるが，分相が進むと，吸収帯は 2 つに分離し，蛍光はヨウ素の豊富なペロブスカイトの発光のほうへ波長が長波長シフトする．これは，臭素の豊富な結晶（高エネルギー）からヨウ素の豊富な結晶（低エネルギー）へエネルギー移動が起こる結果である．結晶組成が 1 つであれば光リサイクリング（コラム 11）によって効率よく同じエネルギーが伝搬されて発電に寄与するが，2 種（複数）混ざるとエネルギーの低い結晶（ヨウ素豊富な結晶）に集まる光子エネルギーが発電にかかわる結果，変換効率が下がる．図 6.20 は，混合ハロゲンからなる $Cs_{0.2}FA_{0.8}Pb(Br_{0.38}I_{0.62})_3$ の組成のペロブスカイト結晶膜について，光照射（488 nm のレーザー）によって進行する分相を発光波長の変化として捉えている [104]．分相が起こると臭素の多い高エネルギーの結晶相からヨウ素の多い低エネルギーの結晶相へエネルギー移動が起こる結果，この図のように発光の波長が長波長にシフトする現象が見られる．

　この分相の反応すなわちハロゲンの移動のトリガーとなるのが，粒子表面の不純物欠陥であると言われる．したがってここでも，粒子サイズの与える影響があり，粒子サイズが大きく粒界の少ない系ほど分相が抑制される傾向がある．欠陥を不活性化するパッシベーションがこの抑制にも有効であり，粒子表面をパッシベーションすることによってハロゲンの移動を抑えて分相を減らす方法も報告される．分相は，このような表面処理を行ったり，ヨウ素 100 ％の組

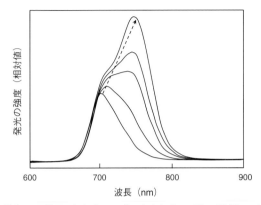

図 6.20 混合ハロゲンからなるペロブスカイト $Cs_{0.2}FA_{0.8}Pb(Br_{0.38}I_{0.62})_3$ の結晶膜において，光照射が引き起こす分相によって見られる発光ピークの長波長シフト（矢印は分相の進行を示す）

成や臭素比率の低い組成を使うことで避けることができる．パッシベーションによって耐久性を高めた研究として注目するのが，アニリニウム（アニリンのプロトン付加カチオン）のフッ化誘導体を用いて，光分相を抑制し $Cs_{0.05}MA_{0.05}FA_{0.9}Pb(I_{0.95}Br_{0.05})_3$ のペロブスカイトを高耐久化した結果である．封止した太陽電池を 85 ℃に曝し，かつ連続光照射をした条件で 1600 時間の安定性が得られている [106].

6.10.3 耐湿性

熱や光よりも耐久性に大きく影響するのが，水分（湿気）である．ハロゲンを含むペロブスカイトのイオン結晶は親水性をもつことから，水分を吸収すると水分子が鉛やスズのカチオンに配位して結晶が分解する．これは DMF などの極性の有機溶媒のガスに結晶が触

れる場合も同様である．オール無機のペロブスカイトも Cs カチオ
ンが湿気に弱いために，耐湿性の確保の対策が必要となる．化学的
な対策として，疎水性をもつ有機材料（高分子材料など）の層で界面
を保護することによって耐水性を上げることができる [107]．パッシ
ベーションの有機材料の多くについても積層構造の疎水性を高めて，
耐久寿命を高める効果が報告されている．しかし，実用の耐湿性を
確保するためには，セルやモジュール全体を封止する技術が必須と
考える．この封止にはガスバリア材料を用いる．ガラスや金属薄膜
はそれ自体が水分を通さないので問題ないが，基板にプラスチック
を用いるセルは一定の吸水性をもつことから水蒸気の透過をブロッ
クするバリアフィルムなどで覆う必要がある．

このように湿度への対策は必須となるが，熱や光による影響と違っ
て，封止が完全であれば湿気の影響は無視することができる．実際
に高温・高湿の耐久試験（85 ℃ + 85%の試験条件）において，封
止が完全なセル（封止が高温で劣化しないセル）では湿度が引き起
こす劣化は認められない．逆に言えば，実用の耐湿性は封止の能力
と封止剤それ自身のもつ耐久性（耐熱，耐湿，耐光性）によって決
まると言える．プラスチックフィルム基板はたとえば PET フィル
ムでは $20 \sim 50$（$g/m^2 \cdot 24h$）程度の高い水蒸気透過度をもつために，
封止用のバリアフィルムが必要となる．ペロブスカイト太陽電池の
場合，屋外に用いるモジュールの封止には 10^{-3}（$g/m^2 \cdot 24h$）以下
の水蒸気透過度が望ましい．10^{-4} より低い強力な封止材料は複数の
メーカーで生産されているが，課題はコストであり，この数値レベ
ルが低いほど高価となる．しかし封止技術は向上しつつあり，コス
トも量産（需要）によって下がるため，バリアフィルムを装着する
フィルム基板の太陽電池がガラス基板の太陽電池とほぼ同等の耐湿
性を達成しコストも圧迫しなくなる段階に近づくと期待する．とこ

ろで,後で述べる太陽電池の宇宙応用においては(第8章8.3節),水はまったく存在しないため,湿度の影響は無視できる.

 以上,耐久性に及ぼす3つの因子をまとめたが,このほかに素子の寿命にかかわるものとして,機械的耐久性がある.衝撃,変形(曲げ),振動に対する耐久性である.ペロブスカイト太陽電池の機械的耐久性についてはまとまった結論は出されていない.また,層構成によっても大きく異なってくる可能性があるが,基板を除く層構成そのものが数マイクロメートルの薄膜であることから,機械的曲げに対する劣化への影響が基本的に小さい.たとえばプラスチックフィルム型の素子(第8章8.1節)については,数千回の曲げに対しても発電性能が安定であることがわかっており,これは薄膜型太陽電池であることのメリットである.また,太陽電池本体が軽量で機械的にフレキシブルであることも衝撃や振動などの影響が小さいと期待される.

 効率が結晶シリコンと並ぶトップまで上がってきたペロブスカイト太陽電池は,膨大な数の研究開発が耐久性向上のための組成改良,バリア材料や封止方法の設計,セルの操作方法などに向けられている.これをもとに25年以上の耐久寿命を実現するための研究の戦略も進みつつある [108].

第 7 章

鉛を用いない
ペロブスカイト太陽電池

7.1　鉛の使用量と無鉛材料の探索

　電気機器を含め民間生活に用いる製品には鉛（Pb）を用いない無鉛の材料を使うことが産業の常識となっている．鉛の有害性は詳細が確立しており，ヨーロッパでは有害物質を制限するローズ指令（RoHS指令）が製品の社会実装に制限をかけている．太陽電池については，設置固定型の大型太陽光発電設備はこの RoHS の制限の免除対象となっている．しかし，民間生活に使う家電製品などの非設置物については廃棄される環境リスクがあるために，無鉛材料を使うことが求められる．太陽電池の扱いも同様である．鉛を含むが代替品がないために特例として普及しているものが，インクジェットプリンターのヘッドに使う鉛ペロブスカイト，そして車のバッテリーに使う鉛電池である．ちなみにこの鉛電池が使う鉛の量はペロブスカイト太陽電池の面積にして $500\,\mathrm{m}^2$ 以上に相当する試算もある．ペロブスカイトに使う鉛量がいかに少ないかがわかるが，だからといって環境保全を怠ることはできない．

　結論として，鉛を含有する製品を産業実装するためには，使用済み製品を回収する物流システムを確立することが必要であり，それを整えることで鉛系の高効率ペロブスカイト太陽電池の社会普及は実現すると考えられる．鉛は有害である一方，豊富な天然資源とし

て，生活を取り囲む土壌にも存在する．したがって日本国内で原料
調達でき，安価に使用できる．またペロブスカイト太陽電池の魅力
的な性能は鉛元素のもつ電子軌道によって実現していると言って過
言でない．太陽電池への鉛の搭載量は $1\,m^2$ 当たりおおよそ $0.4\,g$ で
あり，この量は生活を取り囲む土壌の厚さとして数センチメートル
に含まれる鉛の量に相当する（コラム 15）．

コラム 15

ペロブスカイト太陽電池に含まれる鉛の量は？

ペロブスカイト太陽電池の大面積モジュールを製作すると，モジュール $1\,m^2$
当たりおおよそ $0.4\,g$ の鉛が含まれると試算される．一方，生活圏の土壌にも鉄
や鉛が含まれる．その鉛の量は，土地の場所によって $20\sim140\,mg/kg$ であり，
$1\,m^2$ 当たりおおよそ $0.4\,g$ の鉛は，地面の厚さにして数 cm 程度に相当するこ
とになる [109]．

最近の実験によると，太陽電池が壊れてペロブスカイトが地面へ流出した場
合，雨水によってもそのほとんどが地表から $30\,cm$ 程度の浅い位置に吸着して
留まり，地下水の深さに移動しないと考えられている．最終的に酸化されて PbO
となれば，石の成分に戻る可能性もある．

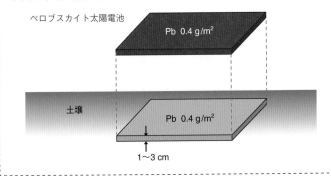

　鉛（Pb）を用いない非鉛系ペロブスカイトとしてスズ（Sn）を用いた太陽電池は 6.6 節で述べたとおりであり，Pb を Sn に 100％置き換えたセルの PCE は 15％のレベルに届き，まだ向上しつつある．しかし，Pb や Sn 以外の金属からなる非鉛の材料で作られる太陽電池は PCE が 10％に届いておらず，高効率化のハードルが高い．Pb,Sn 以外の金属を用いる目的は，Pb の有害性と Sn（2 価）の不安定性への対策に加えて，Sn の 2 価イオンも反応性が高く生物に有害であるとの報告があるためである [110]．実際には，Sn^{2+} は大気に触れれば速やかに酸化されて無害な Sn^{4+} になるため実質的に環境の問題はないとの考えもあるが，Pb と Sn のいずれも含まない生体に無害な元素を使った発電材料の研究が進んでいる．その元素は，たとえば，銀（Ag），ビスマス（Bi），銅（Cu），イオウ（S）などである．

7.2　銀–ビスマス系の材料

　Ag と Bi からなる半導体材料は，金属ハロゲン化物としてペロブスカイト結晶構造をもつものとペロブスカイト類似あるいはほかの構造をとるものがある．その薄膜は一般のペロブスカイトの場合と同じく，安価な溶液法によって成膜できる．可視光を吸収して電荷を発生し，ETL と HTL にサンドイッチした層構成が光電変換特性を示す．$A_3Bi_2X_9$ の組成の結晶として，$MA_3Bi_2I_9$,$FA_3Bi_2I_9$,$Cs_3Bi_2I_9$ などが光電変換に用いられ，これらは E_g 値が 2 eV 以上と大きく集光が限られることと，光吸収が間接遷移であり弱いこと，そして再結合損失が大きい物性のため，光電変換の PEC は最高でも 4％程度と低い．しかし材料は堅牢であり耐湿性が高いのが特長である．この組成に，第 2 の金属カチオンとして 1 価の Ag が B サイト

に加わった組成である A_2AgBiX_6 は，ダブルペロブスカイトと呼ばれる．$Cs_2AgBiBr_6$，$Cs_2AgInCl_6$，$Cs_2AgSbCl_6$ などが知られるが，代表的なものが $Cs_2AgBiBr_6$ である [111, 112]．$Cs_2AgBiBr_6$ は直接遷移の強い吸収をもち，E_g 値が 2.2 eV であり，キャリアの寿命も比較的長いため，太陽電池への応用の関心が高い．成膜は溶液法だけでなく真空蒸着を使っても行われている．しかし光物性において再結合損失が大きく，光発電の V_{oc} 値は 1 V 程度と E_g 値から 1 eV 近い損失がある．順層型や逆層型のセルが作られている中で，逆層型の $ITO/NiO/Cs_2AgBiBr_6/C60/BCP/Ag$ のプラナー構造セルでは 2.2 ％の PCE，1.0 V の V_{oc} が得られている [113]．また，メソポーラス TiO_2 を用いた $TiO_2/c\text{-}Chl/perovskite/spiro\text{-}OMeTAD/Au$（c-Chl はクロロフィル誘導体）でも 3％以上の PCE と 1.0 V の V_{oc} が得られている [114]．E_g 値からは理論的に 18％の PCE をもつ可能性があるが，V_{oc} の損失が大きいために，ペロブスカイト多結晶の内部と界面における再結合の抑制が改善の課題となっている．

　Ag, Bi, ハロゲンの 3 元素からなる結晶材料も活発に研究されている．これらは，AgI と BiI_3 を原料として，化学量論的な AgI/BiI_3 比にしたがった結晶を溶液成膜することができる．$AgBi_2I_7$，$AgBiI_4$，Ag_2BiI_5，Ag_3BiI_6 などが 3D 結晶として得られる．これらの結晶はペロブスカイト型ではなく，ルドルファイト（Rudorffite）型結晶（$Ag_xBi_yX_{x+3y}$）として知られる．これらの Ag-Bi-I 多結晶膜はどれも近い E_g 値，約 1.8 eV をもつ（700 nm まで吸収）．E_g 値はダブルペロブスカイトより小さく可視光発電に適しており 25％までの PCE を与える可能性を秘めているものの，実験では 2～5％程度が得られている現状である [115, 116]．吸光係数は 10^5 cm^{-1} 以上と，鉛ペロブスカイトに比べても遜色ないが，鉛やスズペロブスカ

イトで観測される発光（PL）はこの材料では発光効率が極めて低く
ほとんど検出されない．これは大きな再結合損失によって光電子の
寿命が極めて短く，電荷の拡散距離が短いことを示す結果である．
Ag-Bi-I ペロブスカイトは多くのセルが作られているが，低効率の
原因は，上記のダブルペロブスカイトと同様，V_{oc} が低く 0.6 V 程
度にとどまっている点であり，1.2 eV 近い損失がある．

　そこで筆者らは，Ag_2BiI_5 に着目して材料と成膜方法を検討しセル
の V_{oc} を高めるための改善を図った．溶液成膜の問題となったのは
原料の溶解度が低く，多結晶膜の緻密性と平坦性を確保しにくい点で
ある．成膜法としてスピンコートの原料溶液に $DMF/DMSO = 3/1$
の混合溶媒を用い，かつ多結晶膜を 60 ℃と 155 ℃の 2 段階でアニー
リング処理をした結果，緻密性の改善された Ag_2BiI_5 結晶膜が得ら
れた．また，電荷輸送層との接合には，$CsPbX_3$ のセル作製の経験
から，正孔ブロックを強化した ETL を適用した．SnO_2 と非晶質
SnO_x からなる平坦な 2 層膜である．さらに HTL には無ドープの
チオフェン系ポリマー（poly-TPD）を用いた．比較としてこれよ
りエネルギーレベルの高い P3HT, PTAA, spiro-OMeTAD も用い
た．図 7.1 は，Ag_2BiI_5 と ETL, HTL の材料とエネルギーレベル
の関係を示したものである．

　こうした改善によって V_{oc} は 0.9 V 近くまで向上した．図 7.2 は
このセルの J–V 特性である．内部抵抗が高いこともあり，ヒステリ
シスが生じている．発電層の抵抗を下げるためにペロブスカイト層
を薄くして光を透過する 200 nm 程度の厚みとすることでむしろ効
率が高まった．これは Ag_2BiI_5 の電荷拡散距離が短いために，電極
間距離を狭くすることが有利になったためと考えられる．太陽光下
の PCE は 2％程度の値となったが，透明であることから，両面発電
による集光効果を利用することができる（コラム 16）．可視光を吸

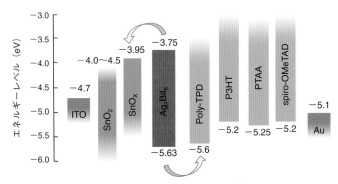

図 7.1 Ag$_2$BiI$_5$ を光発電に用いるセルの層構成とエネルギーレベル

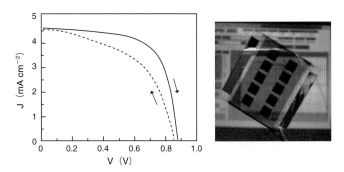

図 7.2 Ag$_2$BiI$_5$ を用いた太陽電池の J–V 特性（左）と半透明な Ag$_2$BiI$_5$ 膜を
発電層とする素子の外観（右），四角の不透明部分は対極側の金属電極

収する素子の特徴として，屋内照明下では PEC はほぼ 2 倍に増加
した [117]．図 7.2 には半透明な Ag$_2$BiI$_5$ 結晶膜を担持したセルの
外観を示す．

0.9 V 近い V$_{oc}$ はほかの研究で AgBiI$_4$ についても得られており
（PCE は約 3%），PTAA を HTL に用い，AgBiI$_4$ 結晶膜に Li 塩を

添加してパッシベーションを施した結果 V_{oc} が向上している [118].
Ag-BiI 系の材料が安定性の点で懸念されるのは，結晶中に不純物と
して原料の AgI が含まれる問題である．AgI はいわゆる写真感光材
料に用いる銀塩（AgX）の一種であり，感光性を持つ．写真の感光
機構と同様に光によってヨウ素イオンが Ag^+ を還元して Ag が析出
する可能性があり，ヨウ素は気化（脱離）する．このような化学反
応が結晶表面で起こらぬよう，Ag^+ を安定化するドーパントや添加
剤の開発が望まれる．ここで Ag–Bi–I 系の材料を改質するアニオン
として興味あるのがイオウ（S）である．Ag_3BiI_6 に対してイオウを
ドープすることでセルの PEC が増加し，$Ag_3BiI_{5.92}S_{0.04}$ の組成で
6％近い PCE が得られている [119].　また，ハロゲンを含まないカル
コゲナイドの $AgBiS_2$ が，原料溶液の塗布による晶析法ではない
が，ナノ結晶粒子を塗布する方法によって太陽電池の発電材料に使
われており，5％を超える PCE が得られている [120].　イオウを含
む組成は材料の分光感度を長波長まで広げる可能性があり，$AgBiS_2$
の応答も 1100 nm 以上まで伸びている．イオウを含む新しい材料の
開発に期待がかかる．

コラム⑯

両面で集光し発電する

　有機太陽電池やペロブスカイト太陽電池など，塗布で成膜する太陽電池は発
電層を透明にできることがシリコン太陽電池などにない特長．特定の波長の光
（バンドギャップ内の光エネルギー）はしっかり吸収しながら，吸収の弱い領域
の波長は一部透過することから，太陽電池のボディーをサングラスやステンド
ガラスのように半透明にすることができる．こうして作ったシースルーの太陽電池
は，太陽電池の表と裏の両面で発電することになる．片面に直射光が当たってい
るとき，もう片面では反射した光や拡散している光を吸収して発電するから，発

電量が増える．とくに曇っている天気や，雪の積もった銀世界の屋外などでは，この効果が大きい．ペロブスカイト太陽電池は，この両面発電に優れた効果を発揮することも調べられている [121]．窓に応用するのもよし，ついたてに使うのもよし．

ところで，宇宙衛星においても，両面発電が活躍すると期待できる．地球の表面では，30%以上の太陽輻射が反射する．衛星の太陽電池が羽を広げているとき，表面で直射光を受ける一方，裏面では地球の反射光を受けて発電する．両面発電が活躍する場所はいろいろ想像が広がる．

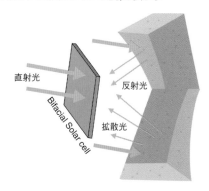

第8章

広がる産業応用

8.1 軽量フレキシブルな太陽電池

　ペロブスカイト太陽電池は，有機薄膜太陽電池と同様に発電層が十分に薄いため，これをフレキシブルな基板に塗工することによって柔らかく曲げられる太陽電池に作り込むことができる．塗工は高温を使わずにできるために薄いプラスチックフィルムの基板を使うことができる．こうしてプラスチックフィルムに成膜した太陽電池は極めて軽く，重量当たりの発電量（W/g）という評価点が高い素子になる．これがユーザーにとって大きな付加価値となり，軽量フレキシブルな光発電素子は，屋外設置型太陽電池としてだけでなく，モバイル機器の電源や屋内用 IoT 機器の電源としての用途を大きく広げる．

　フレキシブル太陽電池の基板には，透明導電膜の ITO を被覆した PET や PEN のプラスチックフィルムを用いるのが一般的である．なかでも PET フィルムは機械加工がしやすく平坦性にも優れ，そしてなんと言っても安価である．PET フィルムの耐熱性は 120 ℃程度であり，この温度以上では膨張によるフィルムのカールが起こることから発電層の成膜は低温で仕上げなければならない．PEN は PET より耐熱性が高いが光透過率が PET にはやや劣り，また数倍高コストとなる．ポリイミドのフィルムならば 300 ℃以上の耐久

性があるがさらに高コストであり着色もしている。そこで二軸延伸法などで耐熱性を高めた PET フィルムの片面に ITO を被覆した ITO-PET フィルムが，太陽電池用の透明導電フィルムとして広く使われている。

ここで太陽電池の高効率化のために ITO 膜に求められる条件は，可視光の領域で 80% 以上の透過率を持つことと，シート抵抗値（単位：Ω/square）が 20 Ω/square 以下と十分に低いことである。ITO 膜を厚くすると抵抗値をさらに下げることができるが，一方で透過率が下がる。また，成膜（蒸着）に時間がかかり高コストとなる。プラスチックフィルム基板上の ITO 膜は低温で成膜するため非結晶性を含み，また平坦な導電膜であるのが特徴である。抵抗値と透過率の点で太陽電池用に最適な ITO 膜を成膜すると，通常，膜厚みが約 400 nm の状態でシート抵抗値が 15 Ω/square 以下となる。抵抗値がこれ以上高いと，光電変換の J–V 特性において FF 値が低下し効率が低下するためである。実用化には，5.2 節で述べたように，銀や銅の集電用ワイヤ（幅数十マイクロメートル）を ITO 膜にパターニングした導電膜が低抵抗でかつ安価な導電膜として使われるだろう。

産業用に普及している ITO-PET フィルムは厚みが 125 μm のもので，太陽電池に用いるフィルム（シート抵抗 12～15 Ω）は光透過率が可視光領域で 80% を超える。フレキシブルで曲率として半径 1 cm くらいまで機械的に曲げることができるが，これ以上曲げると PET には問題がないが，脆い ITO 膜にクラックが入るリスクが増える。成膜工程では，ITO 膜の表面が疎水性をもつことが多いために，UV オゾン処理等によって表面のクリーニングを施してから電荷輸送層とペロブスカイト層の溶液成膜を行う。また，フィルムはカールがあるために，回転塗布ではガラス基板などにフィルムを固定して塗布をしなければならないが，スロットダイなどの塗布では

直接にフィルムを搬送して塗工を行う．以上のようにフィルム基板を使う太陽電池製作では，低温での塗工方法に特別な配慮をしなければならない．

低温成膜法として，ETL に金属酸化物（TiO_2, SnO_2）を用いる場合は，真空蒸着を使うことができるが，溶液塗布による成膜法も構築できる．たとえば，TiO_2 メソポーラス層は，ガラス基板上では Ti 前駆体原料を塗布して焼成する方法を用いるが，プラスチック基板上では TiO_2 ナノ粒子からなる水性ペーストを塗布して脱水乾燥する方法で作製する．図 8.1 はその成膜に必要な化学反応を示したものであり，ナノ粒子の表面の水酸基が 100 ℃以上の温度で脱水縮合反応することによって，粒子の結合（ネッキング）が起こり，メソポーラス膜が形成する [122]．セメントを固めるのと似た反応と考えれば良い．SnO_2 メソポーラス膜の成膜も同様である．こうしてできるメソポーラス膜の TiO_2, SnO_2 の結晶は高温焼成（> 400 ℃）で完全酸化したものと異なり，非晶質の部分を多く含んでいるのが特徴であり，そのために TiO_x, SnO_x と表現することもある．

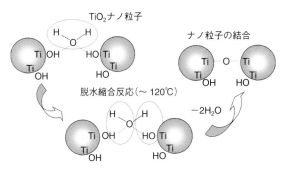

図 8.1　TiO_2 メソポーラス膜の形成に用いる低温（約 120 ℃）条件でのナノ粒子の脱水縮合反応

　メソポーラス ETL 層にペロブスカイトと HTL を塗布してフレキシブルな太陽電池が完成する．図 8.2 は，こうして厚さ $125\,\mu\mathrm{m}$ の ITO フィルム上に作製したペロブスカイト太陽電池について，繰り返しの曲げ（曲率として半径 $5\,\mathrm{mm}$）に対する耐久性の試験を行った例である．ITO 膜面が外側となる状態で曲げた場合は，図のように半径 $5\,\mathrm{mm}$ の曲率まで曲げた場合でも，繰り返し 1000 回の繰り返し試験で太陽電池の特性が 9 割保たれている [123]．

　ペロブスカイト太陽電池は，高効率に加えて軽量にできることから，ほかの太陽電池に比べて重量当たりの発電量（W/g）を極めて大きくすることができる．図 8.3 では重量当たり発電量を比較した．結晶シリコン太陽電池では発電量が $1\,\mathrm{W/g}$ に届かないのに対して，薄膜太陽電池の発電量は $1\sim10\,\mathrm{W/g}$ と高く，なかでもペロブスカイトでは $10\,\mathrm{W/g}$ 以上の値に届く．実際に，筆者らも包装用フィルム

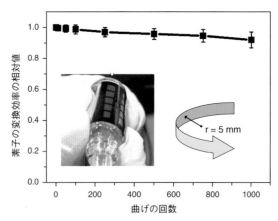

図 8.2　プラスチックフィルム基板に作製した太陽電池（写真）について行った繰り返しの曲げに対する変換効率の維持率.

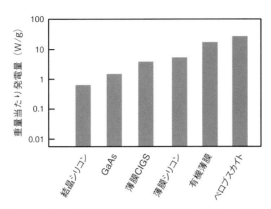

図 8.3 各種の太陽電池の重量当たり発電量（W/g）の最大値

　程度の厚さの $25\,\mu\mathrm{m}$ のフィルムに成膜したペロブスカイト太陽電池を使って，通常の $125\,\mu\mathrm{m}$ のフィルム基板のセルと同等の出力が得られることを検証している．

　産業用途において，軽量フレキシブルな太陽電池は，曲面への設置が可能であり，また軽いことから設置にかかる費用も減り安全性も高くなる．持ち運んで非常時やアウトドアライフなどに利用できる．バッグなどの携帯品に付帯することにも適しており，また，衣服に付けるウェアラブルな電源にも活用できる．したがって，発電のターゲットは屋外太陽の直射光に限らず，拡散光や屋内の照明までが対象となる．とくにペロブスカイト太陽電池の特長である屋内光を含めた弱い光に対する高い発電能力を発揮できることから，この使い方では，太陽電池というよりも，光の対象を限定しない光電変換素子（光発電素子）と称するのが適しているだろう．屋内光への応用については，このあとの節で紹介する．

　ペロブスカイト太陽電池の実用化に取り組む企業の多くが，軽量

フレキシブルなモジュールの開発に注力している．モジュールは，基板上に塗工した複数のセルを，層構造の三次元加工によって電気的に直列に結合して出力電圧を増やして実用出力をもたせるものであり，全層を塗工した基板にレーザーを使って三次元加工を行う．図 8.4 は直列構造を加工したモジュールの断面構造の例を示す．国内では積水，東芝，カネカ，パナソニックといったメーカーがペロブスカイト太陽電池のフレキシブルモジュールの試作を展示している（図 8.5）．また，海外でもフレキシブルモジュールの工場生産に着手し，商品化を始めているメーカーがある．

　フレキシブルモジュールの生産に使われる塗工設備として一般的なのが，ロールに巻回したフィルム基板を搬送して連続的に塗工を行うロール・ツー・ロール（roll-to-roll）の成膜工程である．ガラス基板ではできず，曲げられるフィルム基板であるからできる工程であり，連続塗工によって生産速度と生産量を上げることができる．塗工に続き，乾燥工程，そして加熱工程がフィルム搬送ラインで続き，最終的に基板をカットして電極を装着しモジュールを組み立てる．塗布にはスロットダイ塗工機などが使われるが，別の方法とし

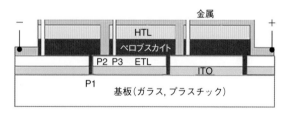

図 8.4　ペロブスカイト太陽電池の直列結合モジュールの断面構造．3 つのセルを直列にする三次元加工の例であり，P1, P2, P3 は構造中に回路設計上必須となるポイントを示す．

(a)

(b)

図 8.5 開発の進む軽量フレキシブルなペロブスカイト太陽電池のモジュール.
　　　（a）桐蔭横浜大学の研究室で作製したモジュール（インクジェットプ
　　リント方式で製作，サイズ 7×7 cm，重さ約 2 g，厚さ約 0.13 mm），
　　　（b）メーカーの生産工程で作られたモジュール（サイズ 40×40 cm,
　　重さ約 400 g，厚さ約 1 mm，出力電圧 85 V）.

て，インクジェット印刷機を使用しているメーカーもある．このように，フレキシブル基板を使う製造では，プリンタブルな工程を使った低コストの生産システムを設計できる．

- -

コラム⑰

ロール・ツー・ロール（roll-to-roll）式の太陽電池生産

　ITO–プラスチックフィルムなどのフレキシブル基板を使ったペロブスカイトの塗布は，印刷の工程と同様に，ロールに収納したフィルムを塗布工程にセットしてロール・ツー・ロール（R2R）方式で行うのが一般的．この方法は有機太陽電池（OPV）でも採用された．設備が安価で，生産速度を上げられるのがメリットである．ペロブスカイト太陽電池の生産に使う R2R の工程は，たとえば，洗浄済みのフィルム基板にあらかじめ ETL を被覆したフィルムのロールを準備し，①ペロブスカイト原料の塗布，②加熱による結晶化，③乾燥，④電荷輸送層

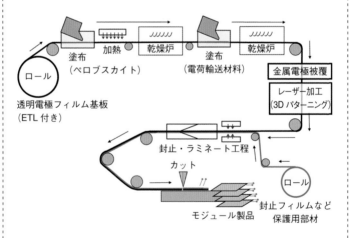

ペロブスカイト太陽電池の R2R 生産工程の想定図．レーザー加工は複数のペロブスカイト膜が直列に連結した構造を三次元的に加工（スクラウブ）する工程で，搬送速度においてはここが律速となるだろう．

の塗布，⑤電極の被覆，⑥レーザーによるモジュール構造の加工，⑦封止，といった工程で行われるだろう．大面積の塗布には幅 1 m 以上の塗布機を使うことが量産効果を上げる．まさに印刷物の生産工程も利用できそうである．

8.2 屋内発電用素子，IoT 用電源の開発

　軽量フレキシブルな光発電素子は，一般消費者向けの生活家電の分野で，乾電池を光発電に置き換えて使うユビキタスな電源としての使い道が広がる．小型の光発電素子は，Bluetooth などの近距離無線のデバイスや各種のセンサを駆動するのに十分な電力を供給できることから，IoT 機器の補助電源としても普及する．すでに，IoT 産業では色素増感太陽電池などの有機系太陽電池を電源に使った商品（PC のマウス，環境センサなど）が販売されている．ペロブスカイト太陽電池を使った商品も実用化しており，ポーランドのメーカー（Saule Technologies）は屋内光を使った商品価格表示プレートを開発して販売している．このような IoT 商品への応用では，ペロブスカイト太陽電池が屋内照明のように微弱な光量でもユビキタスな電源としての利便性を発揮する．

　実際に，計測をしてみると低光量においても高い効率が維持できることがわかる．6.7 節で紹介した $CsPbI_2Br$ を用いるペロブスカイト光電変換素子（図 6.14）は，屋外太陽光に対して約 17%の変換効率（PCE）を与える．バンドギャップ（1.9 eV）がやや大きいために太陽光スペクトルを集光するには限界がある一方，可視光をすべて吸収する．そこでこの $CsPbI_2Br$ 素子を使って屋内の LED 照明に対する発電特性を測った結果，PCE は 34%まで増加することがわかった [124]．図 8.6 にはこの素子の光電流の EQE スペクトルを LED による白色照明の発光スペクトルと比較した．LED は青色 LED と

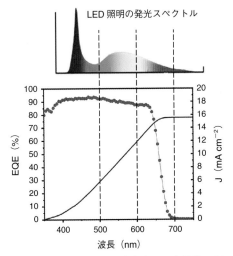

図 8.6 CsPbI$_2$Br ペロブスカイト光電変換素子の光電流 EQE スペクトルと
LED 照明の発光スペクトル

蛍光体の組合せによって 800 nm 近くまでの発光分布をもっている.
この発光波長の範囲は CsPbI$_2$Br 光電変換素子の分光感度とほぼ一
致しており，LED 照明のエネルギーを素子は無駄なく利用している.
LED 照明の光量は，屋外太陽光の光量（AM1.5, 1 sun）の 1/300
から 1/1500 と非常に小さく，1000 ルクス（lx）の照明ではおよそ
$300\,\mu\mathrm{W\,cm^{-2}}$ の光量となる（1 sun では $100\,\mathrm{mW\,cm^{-2}}$）．200 lx
と 1000 lx の照明光のもとで計測した素子の特性を表 8.1 にまとめ
た．200 lx は一般家庭の居間，1000 lx はオフィスの明るい照明に
対応する明るさであり，この環境で J$_{sc}$ として 20 から $100\,\mu\mathrm{A\,m^{-2}}$
の値が得られる．J$_{sc}$ 値は光量に比例するのに対して，V$_{oc}$ 値は素
子のもつ理想係数（n$_{id}$）によって光量変化に対する依存性が異なっ

表 8.1 屋内 LED 照明（200 lx, 1000 lx）に対するペロブスカイト光電変換素子の発電特性.

照度	光量 $(\mu W\,cm^{-2})$	J_{sc} $(\mu A\,cm^{-2})$	V_{oc} (V)	FF (%)	P_{max} $(\mu W\,cm^{-2})$	PCE (%)
200 lx	60	20.96	1.14	86.0	20.5	34.2
1000 lx	300	96.50	1.23	82.1	97.8	32.6

てくる（6.2 節，図 6.4）．この $CsPbI_2Br$ 素子では，200 lx の弱い光のもとでも 1.1 V を超える V_{oc} が得られることが注目すべき能力である．この高い V_{oc} 値は，この素子の n_{id} 値（= 1.28）の根拠となった V_{oc} の光量依存性のデータから予測できる．図 8.7 はこの光量依存性のプロットである．グラフを低光量側に外挿することで，$10\,\mu W$ の微弱な光量のもとでも 1.1 V を超える V_{oc} が得られる可能性がわかる．太陽光下で 15％以上の PCE をもつ太陽電池のなかで，屋内の照明光のもとで 1 V を超える電圧を出力できる素子は希有であり，ペロブスカイト太陽電池以外にはないと考えられる．

　結晶シリコン太陽電池はもちろんのこと，PCE の最高値をもつ

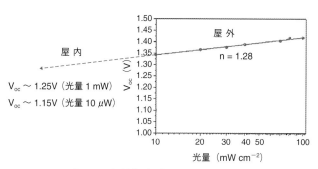

図 8.7 $CsPbI_2Br$ 素子の理想係数（n_{id}）をもとに予測する屋内照明光量下の V_{oc} 値

GaAs 半導体も太陽光では V_{oc} が 1.1 V を超えるが屋内光では 0.9 V を超えない．屋内光で高効率の発電を発揮する色素増感太陽電池も PCE は 30% を超えるが V_{oc} は 1 V には届かない．ペロブスカイト太陽電池がこのように微弱光に対しても高い電圧を維持できることは，電荷再結合によるエネルギー損失が小さい欠陥寛容性（3.2 節）による．GaAs や結晶シリコンではバンドギャップ内に生じる深いトラップによる再結合が，低光量下で生じる微弱な電流（$< 100\,\mu A\,m^{-2}$）に影響するために，電圧が大きく低下してしまう（コラム 18）．これに対して，ペロブスカイトでは，屋外太陽光から屋内光への変化に対する V_{oc} 値の低下が，0.14 V 程度に収まる傾向が，多くの論文報告の結果から見えてきている [125]．

図 8.8 は，各種の半導体の太陽電池について，半導体バンドギャッ

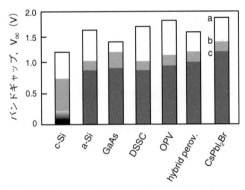

図 8.8 各種の太陽電池のバンドギャップ（a）に対する太陽光（AM1.5）下（b），屋内 LED の 1000 lx 照明下（c）の発電における V_{oc} 値の比較．c-Si：結晶 Si，a-Si：アモルファス Si，DSSC：色素増感，OPV：有機薄膜，hybrid perov：有機無機複合ペロブスカイト．白色の部分（a と b の間）がバンドギャップエネルギーに対する電圧損失（熱損失）に相当する．

プの値に対する V_{oc} の高さを，太陽光下の発電と屋内の 1000 lx 照度の発電について比較したものである．ペロブスカイトについては，鉛系の例として $CsPbI_2Br$ を用いるものと有機無機複合ペロブスカイト（hybrid perovskite）を用いるものを比較した．この比較から，ペロブスカイト太陽電池は他の太陽電池に比べて基本的に電圧損失が小さいことがわかる．また，屋内光発電では，ペロブスカイト系のみが 1 V を超える V_{oc} を出力する．このような微弱光に対する高い出力電圧は前項で紹介した軽量フレキシブルな素子を IoT 機器等に応用する産業実装において，とくに優位点となる．

コラム 18

シリコン太陽電池はなぜ屋内で使えない？

結晶シリコン太陽電池は，ペロブスカイトやほかの太陽電池と同様に光の強さと出力電流（短絡光電流）は比例する．そして，晴れた日の太陽光の直射を受けたときに最高の効率を発揮する．しかし，屋根に置いて朝夕の入射角度が傾いたときや，曇天となったとき，出力のなかの電圧が大きく下がる現象が起こり，晴天下の明るさの 1/10 を切るとこの現象が顕著になる．屋内に入ると光量は数百分の 1 にも下がるから，電圧はほとんど取り出せない．これは，Si や GaAs

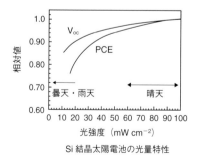

Si 結晶太陽電池の光量特性

の結晶には，高純度（> 99.9999%）に作っても，バンドギャップ内に深い欠陥があるため，光量が大きく減って，光電流密度が大きく減ると，この欠陥が電子をトラップすることによる電流の減少が目立ってくるわけである．晴れた日の大電流ではその影響は見えない．小さな穴の開いた桶に水を貯めるとき，大量に注げば水は溜まるが，チョロチョロ入れれば溜まらないのと同じである．ところが，ペロブスカイトは深い欠陥の影響がないために，弱い屋内の光でも電圧が出る．もちろん，結晶膜の質をしっかり上げたときの性能である．

　ペロブスカイト太陽電池は，屋外と屋内の光環境に兼用の光発電デバイスであるということから，それを応用する典型的な場所として，建物の壁や窓がある．窓への応用では，軽量で設置しやすいフィルム型太陽電池を，既存の窓の内側に貼る方法が簡単である．ペロブスカイト太陽電池は，色素増感太陽電池，有機太陽電池とともに透明なボディに作りこむことができ，かつ，色を選ぶこともできるため景観を良くするデザイン性にも優れている（コラム19）．窓に利用すれば両面発電の機能を利用し，屋外の直射光，拡散光に加えて屋内の照明や反射の拡散光も発電に利用できる．とくに拡散光に対しては表面反射が小さいことから180度の様々な方向から入射する光も利用できるのも強みである（コラム19）．

コラム19

"見えない"パワーから"見せる"パワーへ

　電源といえば電池やコンデンサなどは収納されて外からは見えないものが当たり前．その点，光に曝さなければ使えない太陽電池（光電変換素子）は露出して人目に留まる．屋根の上は別として，窓や壁，あるいは機器に取り付けるとなると，実用化を決めるには技術だけでなくデザイナーの考えが強いウエイトを占めるのは車と同じ．色，形，そして光沢やシースルー性などが実用化の決め手になる．太陽電池が，IoT機器の無線用電源などに電力供給するエネルギーハーベス

ト（弱い環境光を集光する光電変換）への応用が広がるなかで，"住空間に共存する""見える"素子として，ユーザーに好まれるデザインが必要になってきている．たとえば，車に搭載される太陽電池は濃い単色よりもグレーのような色調が求められる．建物では，オフィスの窓にはビジネスのストレスを緩和する色彩が選ばれる．バッグやリュックサックなどに縫い付ける太陽電池へのデザイン要求はきびしい．色だけでなく形も考えなければならない．こういった応用には，単色のシリコン太陽電池では対応できず薄くフレキシブルな有機系の太陽電池が適している．ペロブスカイトはその中でもとくに効率が高い．ところで，屋内発電の用途も考えると太陽電池という言葉は意味が狭い．光発電（photovoltaic）素子という言葉がぴったりする．

8.3　宇宙へ向けた応用

　効率が高いだけでなく軽いペロブスカイト太陽電池は，宇宙衛星への搭載にも有望であり，衛星の搭載に向けた研究が進んでいる．その観点は宇宙環境での耐久性の評価である．筆者らの研究グループは，宇宙航空研究開発機構（JAXA）と共同で，ペロブスカイト太陽電池が宇宙利用に有望であることを明らかにしてきた．現在，海外の多くの研究機関も，ペロブスカイト太陽電池を宇宙衛星に搭載

する可能性を調べており，有望な結果が得られている．

　宇宙衛星にとって太陽電池は唯一の持続的な自給自足電源である．1954 年のシリコン太陽電池の発明以来，シリコンが 1990 年ころまで衛星に搭載されていたが，その後，化合物半導体の太陽電池の衛星搭載が始まり，そして 2000 年代に入ってからは高効率の 3 接合化合物太陽電池（InGaP/InGaAs/Ge など）が宇宙用太陽電池に起用されている．宇宙用太陽電池は面積を取らない高効率であること，かつ厳しい宇宙環境下で高耐久性であることに加えて，軽量であること，そして民間企業も衛星を打ち上げる現在では太陽電池が低コストであることも要件となっている．さらに，地球から離れた距離でも低光量の輻射を利用できる能力も要求される．しかし，課題は何といっても宇宙環境に耐える安定性である．宇宙環境は地上とは次の点で大きく異なる．

(1)　太陽光の輻射強度が，AM0（大気を通過しない条件）であり，地上の AM1.5 の強度の約 1.4 倍大きく，また輻射は地上にない強い紫外線を含む．

(2)　高エネルギーの放射線の粒子（粒子エネルギー：keV〜数 100 MeV）が降り注ぎ，とくに電荷をもつ陽子線と電子線が常時存在する

(3)　低軌道を周回する衛星（周回に約 1.5 時間）は，約 50 分ごとに −100 ℃から +100 ℃の急激な温度変化にさらされる．

(4)　しかし大気の存在しない真空環境なので，酸素の影響，湿度の影響，そして風の影響はない

　この環境で，太陽電池を劣化させる影響が最も大きいのが，高エネルギー放射線の陽子線と電子線である．

　宇宙放射線への暴露に対するペロブスカイト太陽電池の性能劣化を，JAXA において電子線と陽子線を照射して調べた結果，これらの

高エネルギー放射線に対してはペロブスカイトが高い耐久性を持つことが明らかになった [126]. この試験には有機無機複合組成のペロブスカイトを用い, ETL として SnO_2, HTL として P3HT を接合した薄膜セルを作製した. 高エネルギー粒子線として, セルに 1 MeV の電子線を連続照射する加速試験を行った. これまでの知見では, 結晶シリコンの場合は, 1 MeV 電子線を $10^{16}/cm^2$ の量まで照射すると, 太陽電池の出力は 1/2 程度に低下し, シリコン基板 (光吸収層) の厚みが薄いほど放射線耐性が高いことがわかっている. これに対し, $Cs_{0.05}(MA_{0.17}FA_{0.83})_{0.95}Pb(I_{0.93}Br_{0.07})_3$ の組成のペロブスカイトを用いた石英基板/ITO/SnO_2/perovskite/P3HT/Au の層構成からなる薄膜太陽電池に電子線を照射して耐久性を調べると, $10^{16}/cm^2$ の量の暴露においてもほとんど劣化は起こらない [127]. また光物性の解析からは, 放射線による結晶の構造破壊の影響が基本的に低い物性をもつこと, そして放射線耐性の高い材料であることが示されたのである. 放射線耐性が高い根拠の 1 つは発電に必要な材料が非常に薄いことであり, 高エネルギー粒子線は, エネルギーレベルによっては薄膜内に留まらずに通過 (透過) する. この「透過する」傾向は, 粒子のエネルギー (eV) が高いほど高まるのである.

　電子線よりも結晶破壊力が強いのが陽子線である. 陽子 (H^+ = プロトン) は結晶を構成する原子の原子核と衝突反応して, 結晶構造に欠陥やひずみが生じ, 材料の劣化が起こる. 陽子線照射に対する耐久性については, ドイツのヘルムホルツ研究所のグループが 68 MeV の陽子線を使って調べた耐久性が報じられたが [128], この高エネルギーの粒子は, ペロブスカイト薄膜を通過してしまうことから正味の耐久性を調べることが難しい. そこで, 筆者らは, 陽子線がペロブスカイト層の位置に止まって衝突反応をするエネルギーレベルとして 50 keV を選んで耐久性を観測した [126]. 図 8.9 は, 陽子線の

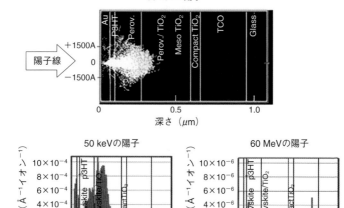

図 8.9 陽子線の照射によってペロブスカイト太陽電池の内部に起こる陽子の衝突（破壊反応）の分布（深さ方向）を示す結果 [126]. 50 keV の陽子の照射では，衝突がペロブスカイト層の深さ部分に集中して起こることを表す（上ならびに左下）. 一方， 60 MeV の陽子では，衝突の頻度が非常に低いことを示す（右下）.

照射が太陽電池の内部に起こす破壊反応の分布を調べたシミュレーションである. この解析には，陽子などのイオンの注入が材料内で引き起こすダメージ等を算出するソフト（SRIM/TRIM）が使われており，ここでは 2 種のエネルギー（50 keV, 60 MeV）の陽子が太陽電池の層構造のなかで止まる分布を調べている. 陽子線を，ガラス基板によるフィルター効果を避けて金属電極側から照射すると，陽子のほとんどがペロブスカイト層をねらい打ちして衝突反応をすることがわかる. 一方， 60 MeV の陽子線はほとんど衝突せずにセ

ルの構造を通過している．そこで，この 50 keV 陽子線を使って照射量に対するセルの劣化を調べると，陽子の積算照射量が 10^{14} 粒子 cm^{-2} のレベルまでは太陽電池の性能は変わらず，性能劣化は 10^{15} 粒子 cm^{-2} において一部始まるのがわかる（図 8.10）．ところが，この 10^{15} 粒子 cm^{-2} のレベルでは，現在衛星で使っている 3 接合太陽電池やシリコン太陽電池のほとんどが大きく劣化してしまう．このようにペロブスカイト太陽電池が陽子線耐性において優れることが明らかとなった．同じ結論は，ドイツやアメリカなどの研究機関でも出されている [129]．ドイツではロケットにペロブスカイト太陽電池を搭載して宇宙環境での性能の安定性を調べる実験も実施した [130]．このような高い放射線耐性の根拠となっているのが，ペロブスカイト発電層が 1 μm 以下と薄いことであり，高エネルギーの放射線の多くが発電層にダメージを与えずに透過する．また，ダメージを受けたとしてもペロブスカイトの持つ欠陥寛容性（3.2 節）によって，発電特性への影響が少ないのである．

　陽子線のエネルギーを 50 keV から 8 MeV に約 200 倍高めた実験

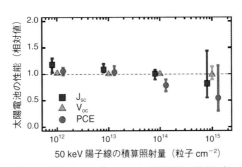

図 8.10　陽子線の照射量がペロブスカイト太陽電池の性能（J_{sc}, V_{oc}, PCE）に与える影響

では，ペロブスカイト層だけでなく，電荷輸送層までの全体に影響が広がるが，この場合でも同様に 10^{14} 粒子 cm^{-2} のレベルまでの耐久性が確認できている．通信衛星などが回る地球から 2000 km 以下の高さの低軌道では，1 MeV の陽子線はおよそ 10^3 粒子 cm^{-2} s^{-1} 程度降り注ぐことから，10^{14} 粒子 cm^{-2} の加速試験は，宇宙環境の 100 年以上に相当することになる．

太陽電池にとって宇宙環境が厳しいのは放射線だけでない．-100 ℃ から $+100$ ℃ の温度変化の繰り返しは有機無機ペロブスカイトにとって大きなストレスになるために，組成を全無機組成に変えるなどの材料の改良が必要となるだろう．次に温度が発電特性に与える影響であるが，一般に結晶シリコン含めた太陽電池は高温になるほど変換効率が低下して発電量が下がる．しかし，このような効率の温度依存性（効率の温度係数）はペロブスカイトの場合は比較的小さいこともわかってきているため，宇宙衛星への応用には期待がかけられている．

衛星用太陽電池は，軽量でフレキシブルであることも求められる．太陽電池を折りたたんだ状態で打ち上げ，風のない宇宙空間で広げる使い方によって発電量を増やすことができる．この点でも，ペロブスカイト薄膜太陽電池は優位である．ポーランドの Saule Technologies 社は ITO-PET プラスチック基板に作ったペロブスカイト太陽電池の放射線耐久性を JAXA との共同研究で調べ，高い耐久性を報告している [131].

また，宇宙では弱い光を受けても高効率で発電する能力が求められる．地球を離れた太陽系の低光量の空間（木星では地球の光量の 0.037 倍，土星はその 1/3）でも発電する必要があるからだ（コラム 21）．地球上の軌道においても低光量の光を利用するチャンスがある．ペロブスカイト太陽電池は透明型にして両面からの光で発電

ができるため，たとえば太陽光直射のみならず，裏面から当たる地球の反射光なども発電に利用できる（コラム 16）．以上のいろいろな特長から，ペロブスカイト太陽電池は宇宙利用の有力候補となっている．

コラム 20

宇宙の放射線の量はどのくらい？

宇宙放射線（宇宙線）は高エネルギーの粒子であり，荷電をもつ陽子（プロトン，H^+）や電子（e^-）がその典型である．その量は地上では無視できる量であるが，大気層（地上 100 km くらいまで）を超えると急激に増加する．大気層は鉛に換算すると 90 cm の厚さがあり，宇宙線を遮断している．しかし，衛星やスペースシャトルが地球を周回する軌道は，地上から 200 km～1000 km の高さの低地球軌道であり，それより高いところでは，地球の磁場が放射線を捕捉してさえぎっているものの，衛星にはかなりの放射線が降り注ぐ．放射線の粒子は，10^3 eV から 10^{12} eV （1000 GeV）までエネルギー量で分布する．その大部分が陽子線で，たとえば 10^6 eV （1 MeV）の陽子は 10^2～10^3 粒子 cm^{-2} s^{-1} くらいが降り注いでいる．ちなみに，レントゲンの X 線は 10^3 eV （数 keV）のレベルであるから，宇宙放射線はその何桁も上の高エネルギー粒子であり，太

衛星に降り注ぐ宇宙放射線の粒子（陽子の例）

陽電池の結晶材料（Si, In, Ga など）に入射すると結晶構造を壊す力を持つ．しかし，材料が極めて薄ければ多くの放射線は透過するために，薄膜太陽電池ではこの構造破壊のリスクが減る．ペロブスカイトはまさにその恩恵を受けている．

コラム21

目指す木星は日射が弱い，曇天〜雨天の明るさ

　今や NASA や JAXA を中心とする宇宙開発は木星や火星に向けた衛星のミッションによる探査を進める時代に入ろうとしている．その衛星の唯一の電源が太陽電池である．地球の軌道での太陽光強度は AM0 の強度と十分に高いが，木星や火星ではその輻射強度が大きく減る．地球の大気の外側（衛星軌道）での強度（太陽定数）は 1370 W/m^2．これを 1 としたときにほかの惑星の輻射強度は，下記の表のようになる．木星では，強度が地球の 4%程度と地球で言えば曇天の明るさ以下，土星では 1%と小さい．遙かに離れた海王星のまわりの明るさは屋内の照明に相当するくらい弱い（15 W/m^2）．こんな低光量においても高効率の発電すなわち電圧（V_{oc}）を落とさない発電が将来は求められるだろう．ペロブスカイト太陽電池はこの条件にもマッチする．

惑星	水星	金星	地球	月	火星	木星	土星
直径	0.38	0.94	1	0.27	0.53	11.2	9.4
輻射強度	6.67	1.91	1	1	0.43	0.037	0.011

8.4　高感度光検出と放射線検出

　光発電にとどまらずペロブスカイト半導体は，光工学の多くの分野に応用が広がる．欠陥寛容性をもつハロゲン化ペロブスカイトは，

優れた発光材料であり，発光の量子効率は 90％を超えるものもある．本書では扱わなかったが，この発光能力を用いて低電圧で発光する高効率発光ダイオード（LED）やレーザーの開発が進んでいる [3, 44]．LED に用いられる典型は $CsPbX_3$（X＝I, Br）の量子ドットであり，$CsPbBr_3$（緑色発光）や $CsPbI_3$（赤色発光）は 20％以上の高い外部量子効率で発光を行う．ハロゲン元素組成を変えた青，緑，赤の 3 色発光を使う白色照明も開発されている．そして，太陽電池と同様に素子のフレキシブル化も可能である．

ペロブスカイト半導体の光電特性を光検出に使う研究では，高感度の光検出素子が作られている．ペロブスカイトの短絡光電流（J_{sc}）は内部量子効率がほぼ 100％であり，シリコン半導体と同様に光センサとして光子数の検出に使える．筆者らはペロブスカイト光電変換素子に逆バイアスをかけたときに，可視光に応答する光電流が量子効率をはるかに超える約 24 倍（EQE ＝ 2400）に増幅される機能を見出し，高感度光センサを創製した [132]．これはハロゲン化ペロブスカイトのもつ光伝導性を光検出の増幅に活用した素子であり，単色光（波長 550 nm）に対する応答感度は，$620\,A\,W^{-1}$ に達し，微弱な可視光を電流信号として出力する．このような技術は，ハロゲン組成を変えて青，緑，赤のそれぞれに応答する素子を作ることで，カラーイメージセンサの設計につながる．

光検出には，可視光のみならず，放射線も高感度検出の対象となる．その応用が，X 線の検出器である．レントゲン用の X 線検出法では，微弱な X 線をシンチレータ（CsI:Tl などの無機結晶）によって蛍光に変換し，その強度を光ダイオードで読み取る間接方式と X 線の吸収による光電応答を半導体（CdTe など）によって検出する直接方式があり，レントゲンでは前者が一般的となっているが，画像

分解能を高める点では，後者の方法の改良が期待される．ペロブスカイト結晶は重元素の鉛を含むことで X 線を吸収して光電応答を与えることから，この特徴を X 線の高感度検出に活用する研究が行われている．物質を透過する X 線に対する材料の吸光係数は低いが，たとえば，$MAPbI_3$ の結晶の場合は約 1 mm の厚みの膜で X 線（エネルギー，30〜80 KeV）を吸収して光電流応答を生じる．サムスン社の行った研究では，素子の構成を最適化した結果，この応答の感度は現行の CsI:Tl シンチレータを使った X 線検出の感度を 1 桁上回る感度に達したとの報告である [133]．図 8.11 はこの素子の構成とこの方法で撮影された X 線画像の例である．ペロブスカイト層を含めて塗布方式で大面積のイメージセンサを作れることが，既存の間接式イメージセンサに対して優位な点でもある．

　鉛をほかの Bi 等の重元素に換えた材料も X 線や γ 線などの放射線検出に応用できると考えられ，医療用だけでなく，産業用の X 線検出器，CT スキャン装置への応用が期待できる．

　以上の光検出器は，太陽電池のようなエネルギー変換でなく，むしろ外部電圧を印加してエネルギーを消費するデバイスであるが，そ

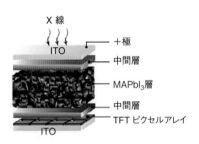

図 8.11　ペロブスカイトを用いる X 線検出素子の構造とこれを使って実測した人体の透過画像

の消費量を減らす効果においてもペロブスカイト光電応答素子は進
化していくポテンシャルを持っている.

8.5　産業実装に向けた量産化の課題

　以上述べてきた産業応用について,その最終的課題が,工場生産
における量産規模の拡大である.ここでまず原料調達の将来に目を
向けると,ペロブスカイトの成膜に必要な主要原料の鉛とヨウ素は
国内で調達できるのがわが国にとって有利である.とくに鉛の3倍
近くを使うヨウ素については,世界の全生産量の9割以上を3か国
が生産し,日本は3割近くを生産して世界第2位の生産量を誇る(1
位はチリ).

　このように原料供給は日本にとって優位であり,また,原料は安
価で印刷による生産工程も安価であるが,工場での量産効果を達成
しなければ,シリコンを超えるコストの優位性を実現できない.シ
リコン太陽電池の場合,現在の安価なモジュールは,1つのメーカー
で年間の生産量が(発電能力として)1ギガワットの量を超えた量
産効果として得られている.これほどの量を生産するには,生産設
備として大面積の塗布工程が必要であり,かつ,良品比率を高める
ため均一な性質のペロブスカイトの成膜の生産技術が必須となる.

　生産技術のなかで,最も難関となるのがわずか1μmもないペロ
ブスカイトの結晶膜を均一な厚みだけでなく,"均一な物性"をもっ
て大面積に塗工する技術である.塗工する液体の厚みを一定にする
ことは高精度の設備で可能であるが,この液体から基板上で晶析さ
れる多結晶膜の物性をピンホールや粒子の不揃いなく均一にする方
法は容易でない.成膜の温度,雰囲気,乾燥速度などを精密に制御
することで面内均一性の高い薄膜を生産しなければならない.不均

一性すなわち面内の光物性のムラが原因で，大面積化によって発電性能が低下する傾向や良品比率が下がる問題を克服するために，大面積塗工の生産技術を確立することが第一に重要である．そして，次には生産速度を増やす．そのためには，スロットダイ，バーコーター，インクジェットなどの成膜の場合，塗布（印刷）の幅を 1 m 以上にして成膜のスピード（m^2/分）を高める生産技術が必要となる．こうして生産量を増やし，原料単価を減らし，最終的にワット当たりの製品価格を押し下げる．広幅の塗工技術を確立するには，ペロブスカイト前駆体の組成と基板の表面処理など，材料側の改良が必要だけでなく，塗工装置の機械的なメカニズムの設計も必須である．モジュールの製作では，塗工した基板をレーザー等でパターニングの機械加工するプロセスが必要となり，このプロセスは塗工より遅く律速となる可能性が高い．この加工は設備そのものの運転の処理能力にかかっている．このように，材料と設備の両面から生産技術を高めていくことが年間 100 メガワット（MW）規模の量産を可能にして，目標の安価なモジュールが生産できるようになる．

　低コスト化には工場生産のランニングコストである電力消費の削減も大きなターゲットとなる．空調の設置では，リチウム電池の生産などのように湿度ゼロの乾燥雰囲気を持ち込むと電気代が膨大となる．湿度 20〜40%の大気雰囲気が使える工程を設計すれば電力削減効果は大きい．あるいは乾燥雰囲気は工程中の必要な部分のみに限定すればよい．

　ペロブスカイトの成膜工程で改良を期待したいのが，溶剤の種類である．DMF などの有機溶剤は環境に有害であり，国や工場によっては，工場内での使用量（貯蔵量）が限られている．プラスチック基板への成膜では，乾燥雰囲気中の静電気による発火なども対策の課題となる．そこで，検討されるのが，水を使った塗布技術である．

筆者らは，ペロブスカイトの晶析の原料に硝酸鉛などの水溶液を用いる方法も提案してきた [134]．水系の成膜では有機溶剤系ほどの高効率が得られにくいと考えられてきたが，最近では硝酸鉛水溶液を原料に用いて 23%を超える高効率が得られてきている [135]．このような水系塗布の技術による成膜の生産工程がこれから開発されることを期待したい．

第9章

地産地消の
自給自足電力としての普及

　わが国の電力エネルギーの自給率は欧米を含めた先進国の中で非常に低く，15％足らずであり，エネルギー生産と省エネの現状に対して思い切った改革をしなければ自給率を上げることができない．リスクの大きい原子力発電に頼ることも良い対策にならない．太陽光，風力，地熱発電といった自然エネルギーを活用するために，都市部から地方までを含めて地産地消の効率的なインフラを国土全体に広げることが目標となる．

　ここで太陽光発電として，ペロブスカイト太陽電池が地産地消に向けた自給自足電源として大きく役立つと期待できるのは，集合住宅が増えるなかで，従来のようにルーフトップを使う太陽光発電を活用できる住宅が限られるからだ．ビルや集合住宅のベランダや壁を使う発電であれば，設置場所を選ばず，発電の面積を大きく広げることができる．ペロブスカイト太陽電池がまさにその目的に合致しており，さらに，曇天や非直射光の環境でも発電を続けることから積算発電量を高めることができる．各世帯が，ベランダや壁面等の限られたスペースで小規模であっても光発電を行い，その電力を蓄電池に貯めれば，地域コミュニティ全体でかなりの電力を確保できる．蓄電は急速に普及する電気自動車（EV）の蓄電池を世帯ごとが利用するとともに，コミュニティに設置した蓄電池を共有することでよ

り安全で安定した電力供給を受けることができるだろう．EV の蓄電能力は進化して EV 用のみでなく家庭の電源としても使われることになり，さらに EV の蓄電池はコミュニティの大型蓄電池とも連携して，地域で電力をシェアする可能性がある．もちろん，電力会社のグリッドネットワークも利用するが，その依存率は地産地消を高めることで減る方向になる．このような地域ごとの電力シェアのシステムを実装すると同時に，省エネに向けた製品の改良そして生活の努力も怠らないことで，電力自給自足が夢ではなくなる．世帯での発電では，電力の生産を日々モニターすることが省エネに向けた生活改善を行う引き金となる．

　このような状況を国土全体に広げるために考える方法としては，地域ごとに電力生産と省エネを行った結果の CO_2 発生の削減量を地域のハブが計測して管理する．そして，その成果である CO_2 削減量に応じて，国が財政的な支援を行うというシステムが動き出すことが，地産地消をすみずみまで広げる推進力となるだろう．筆者の試算では，省エネの推進（たとえば飲料自動販売機の削減など）をするだけで原子力発電 1 基に相当する電力は稼ぐことができる．一方で地域が一体となった光発電を普及させれば，電力（エネルギー）の国内自給率を上げることにかなりの効果をもたらすはずである．図 9.1 にはこのようなエネルギー地産地消コミュニティを運営する例を示した．

　光発電がこのように全国すみずみに普及すると，使用済みのモジュールを回収するプロセスを考えなければならず，そのプロセスにかかるエネルギーも削減しなければならない．これは生産から廃棄までの長いライフサイクルにおいて，CO_2 の総発生量を削減するために必要である．現在普及するシリコン太陽電池は，使用済み材料の分離・回収が容易でないために，ライフサイクルの最後の段階で

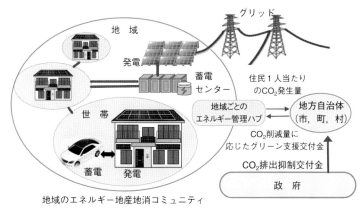

図 9.1 エネルギーの地産地消（自給自足）の普及に向けた地域コミュニティと政府支援のしくみ

余計なコストがかかることが問題とされている．この点，ペロブスカイト太陽電池は回収が簡単な点が有利である．使用済みのペロブスカイト付きの基板は，溶液洗浄で処理することで，鉛を含めた材料を速やかにかつ低コストで回収できる．フレキシブルなモジュールのプラスチック基板に被覆した無機材料（ITO, TiO_2, SnO_2 など）も機械的に容易に剥がして回収することができる．このように回収が容易であることは重要であり，使用中の太陽電池を比較的短い期間で交換（更新）するプロセスもコストがかからないため，メーカーにとっても都合がよい．エネルギー地産地消の社会を回すために，光発電のライフサイクルを低コストにできるペロブスカイト太陽電池の普及に寄せる期待は大きい．

おわりに

　予想をはるかに超える数の研究者が参画することによって，日進月歩で効率と耐久性が向上してきたペロブスカイト太陽電池は，結晶シリコンの最高性能と肩を並べるエネルギー変換効率（26%以上）になり，タンデムセルの開発では35%以上の効率が見えてきている．耐久性のさらなる向上のための基礎研究が進んでいると同時に，企業では実用モジュールを製造するための生産技術を開発する段階に入ってきた．

　本書は，執筆依頼をいただいてから当初の予定より3年以上も遅れての出版となったが，その間にペロブスカイト太陽電池の性能を高める多くの新技術（欠陥パッシベーションやタンデムセル創製など）が進み，最高効率は3%も増加した．本書はこれらの最新のトピックスを加えるチャンスに恵まれた．本書出版後も，ペロブスカイト太陽電池の技術は常に進化していくだろうから，読者は本書で紹介するトピックスについて情報をアップデートしていっていただきたい．

　筆者は電気化学を専門とする化学者であり，光電気化学（色素増感電極）の研究の延長でペロブスカイトの光発電能力を発見したとき（2006年），その単結晶が半導体として優れた物性をもつことには気づかなかった．しかし物理の研究者との共同研究を始めたことが，高効率太陽電池へ応用する発見につながっている．本書は「化学の要点」シリーズの中で，化学者の見方から技術の全体をまとめたが，この分野は化学と物理が対等に交わる分野である．とくにハロゲン化ペロブスカイト結晶が持つユニークな光物性の論理は固体物理の経験と知識なくしては語れない．本書からさらに踏み込んだ

内容が，物理に軸足を置いた研究者からも出版されるであろう．

　ペロブスカイト光電変換の研究分野は，極めて学際的で，異分野の研究交流のチャンスが多い点で魅力的である．化学，材料科学，物理，それだけでなくライフサイクルアセスメントの見積もりや鉛の回収に向けた環境科学の研究，さらには第9章で触れたような日本のエネルギー問題を考える場面もかかわってくる．本書が，これらの学際研究を広げるきっかけとなることを期待する．

　最後に，筆者を囲んでペロブスカイト太陽電池の研究を進めてくれた多くの若手研究者の努力に感謝するとともに，本書の執筆に学術的なアドバイスをいただいた井上晴夫先生（東京都立大学名誉教授），助言いただいた桐蔭横浜大学教授の池上和志博士と荒牧晋司博士，そして編集に尽力いただいた共立出版の中川暢子様に感謝します．

問　　題

【計算をしてみよう】

■**問題 1**　太陽光エネルギーと消費エネルギーの量の関係について：
日本全土（約 38 万 km^2）に照射する太陽エネルギーの量／年は，全世界が消費するエネルギー／年の何分の一あるいは何倍に当たるか？（ただし，全世界の消費エネルギーは第 1 章に記載があるとおり，また，日本列島の太陽エネルギー輻射密度は，場所によらず季節と昼夜をとおして年間平均して 145 W m^{-2} とする，1 W＝1 J/秒である）

■**問題 2**　シリコン太陽電池の短絡光電流密度（J_{sc}）が 40 mA cm^{-2}，開回路電圧（V_{oc}）が 0.75 V，FF が 0.83 であるとき，太陽光に対するエネルギー変換効率はいくらになるか？　これに対して，ペロブスカイト太陽電池の FF が 0.80 であり J_{sc} が 26 mA cm^{-2} であるとき，V_{oc} をどこまで高くすればシリコン太陽電池の効率を越えることができるか．

■**問題 3**　太陽光の可視光のすべて（波長 400 nm～750 nm）が波長に関係なく外部量子効率（EQE）90％で電流に変換されたとしたとき，光電流密度（mA cm^{-2}）は最大どのくらいになるか．ただし，波長 750 nm 以下の太陽光の光子数の照射密度を，1.3×10^{17} 光子 cm^{-2} s^{-1} とする．

■**問題 4**　電力会社と最大使用電流 30 A の契約をしていた世帯について，変換効率が 15％の太陽光発電パネルを屋根に設置するとき，必要な設置面積は何 m^2 となるか．

■**問題 5**　単一の半導体を光吸収に使う太陽電池について，変換効率が理論的に最大となるような半導体のバンドギャップ（eV）とその吸収の長波長端の波長はどのくらいとなるか．第 1 章を読んで復習せよ．

■**問題 6**　太陽電池を，窓や壁に縦型に設置する使い方をするときに，太陽

電池の発電特性（J_{sc}, V_{oc}, FF）の能力においてもっとも必要となる能力は何か．第6章，第8章を読んで復習せよ．また，太陽電池のモジュールが効率よく光を集めるために，太陽電池の本体表面に付属させる材料として必要となる材料は何か．

■**問題7**　ヨーロッパにおいて化学物資の濃度を規制する RoHS 指令によれば，産業の製品に含まれる鉛（Pb）の最大許容濃度は，0.1 重量%である．ペロブスカイトを使った光電変換素子について，その構造がガラス基板を用いており，ガラスの厚さが 1 mm，ペロブスカイト（MAPbI₃）層の厚さが 1 μm であるとき，この素子が与える Pb の含有量は重量%として何%となるかを計算してみよ（ただし，ガラスとペロブスカイトの比重をそれぞれ 2.5, 4.3 とし，これら以外の材料の重さは無視して見積もる）．

【解　答】
1. 約 2.9 倍
2. 効率 24.9%，V_{oc} 1.20 V 以上
3. 約 18 mA cm^{-2}
4. 20 m^2
5. 約 1.4 eV，図 1.3
6. 反射防止のためのコーティングやフィルム
7. 約 0.057%

文　　献

[1] 松尾 豊：有機薄膜太陽電池の科学，化学同人（2011）

[2] 日本化学会 編：人工光合成と有機系太陽電池，化学同人（2010）

[3] T. Miyasaka：*Perovskite Photovoltaics and Optoelectronics: From Fundamentals to Advanced Applications*, Wiley-VCH (2021) ISBN: 978-3-527-82639-1

[4] A. K. Jena, A. Kulkarni, T. Miyasaka：*Chem. Rev.*, **119**, 3036–3103 (2019)

[5] W. Shockley, H. J. Queisser：*J. Appl. Physics*,. **32**, 510–519 (1961)

[6] 光合成のエネルギー変換効率については以下に解説がある：渡辺 正ほか共著：電気化学，丸善出版（2001）ISBN: 9784621081129

[7] Richard J. D. Tilley 著，陰山 洋 訳：ペロブスカイト物質の科学：万能材料の構造と機能，化学同人（2018）

[8] V. M. Goldschmidt：*Die Naturwissenschaften*, **14**, 477–485 (1926)

[9] A. R. Chakhmouradian, P. M. Woodward：*Phys. Chem. Miner.*, **41**, 387–391 (2014)

[10] E. A. Katz：*Helvetica Chimica Acta*, **103**, e2000061 (2020)

[11] Y. Yuan, Z. Xiao, B. Yang, *et al.*：*J. Mater. Chem. A*, **2**, 6027–6041 (2014)

[12] H. L. Wells：*Zeitschrift für anorganische Chemie*, **3**, 195–210 (1893)

[13] C. K. Møller：*Nature*, **182**, 1436 (1958)

[14] D. Weber：*Zeitschrift für Naturforschung B*, **33**, 1443–1445 (1978)

[15] D. B. Mitzi：Synthesis, Structure, and Properties of Organic-

Inorganic Perovskites and Related Materials, *Progress in Inorganic Chemistry. John Wiley and Sons*, **48**, 1–122 (1999)

[16] D. B. Mitzi：Organic−inorganic perovskites containing trivalent metal halide layers: The templating influence of the organic cation layer. *Inorg. Chem.*, **39**, 6107–13 (2000)

[17] J. Ishi, M. Mizuno, H. Kunugita, *et al.*：*J. Nonlinear Opt. Phys. Mater.*, **7**, 153–159 (1998)

[18] T. Ishihara, J. Takahashi, T. Goto：*Solid State Commun.*, **69**, 933–936 (1989)

[19] T. Kondo, S. Iwamoto, S. Hayase, *et al.*：*Solid State Commun.*,**105**, 503–6 (1998)

[20] 日本化学会 編，谷忠昭 著：色素増感（化学の要点シリーズ），共立出版（2020）

[21] A. Kojima, K. Teshima, Y. Shirai, *et al.*：*J. Am. Chem. Soc.*, **131**, 6050–6051 (2009)

[22] J. H. Im, C. R. Lee, J. W. Lee, *et al.*：*Nanoscale,* **10**, 4088–4093 (2011)

[23] H. Tributsch, M. Calvin：*Photochem. Photobiol.*, **14**, 95–112 (1971)

[24] T. Miyasaka, T. Watanabe, A. Fujishima, *et al.*：*J. Am. Chem. Soc.*, **100**, 6657–6665 (1978)

[25] T. Miyasaka, T. Watanabe, A. Fujishima, *et al.*：*Nature*, **277**, 638–640 (1979)

[26] B. O'Regan, M. Grätzel：*Nature*, **353**, 737–740 (1991)

[27] J.-M. Ji, H. Zhou, Y. K. Eom, *et al.*：*Adv. Energy Mater.*, **10**, 2000124 (2020)

[28] M. M. Lee, J. Teuscher, T. Miyasaka, *et al.*：*Science*, **338**, 643–647 (2012)

[29] 宮坂 力：大発見の舞台裏で，さくら舎（2023）

[30] 宮坂 力：応用物理，**90**, 662–669 (2021)

[31] T. Miyasaka, A. Kulkarni, G. M. Kim, *et al.*：*Adv. Energy Mater.*, **10**, 1902500 (2019)

[32] H. Lu, Y. Liu, P. Ahlawat, *et al.*：*Science*, **370**, eabb8985 (2020)

[33] T. Singh, T. Miyasaka：*Adv. Energy. Mater.*, **8**, 1700677–1700685 (2018)

[34] M. Saliba, T. Matsui, K. Domanski, *et al.*：*Science*, **354**, 206–9 (2016)

[35] M. Lyu, N.-G. Park：RRL Solar, **4**, 2000331 (2020)

[36] S. H. Turren-Cruz, A. Hagfeldt, M. Saliba：*Science*, **362**, 449–453 (2018)

[37] X. Jiang, Z. Zang, Y. Zhou, *et al.*：*Acc. Mater. Res.*, **2**, 210–219 (2021)

[38] K. Tanaka, T. Takahashi, T. Ban, *et al.*：*Solid State Commun.*, **127**, 619–23 (2003)

[39] M. V. Kovalenko, L. Protesescu, M. I. Bodnarchuk：*Science*, **358**, 745–750 (2017)

[40] F. Brivio, K.T. Butler, A. Walsh, *et al.*：*Phys. Rev.,B*, **89**, 155204 (2014)

[41] B. Suarez, V. Gonzalez-Pedro, T. S. Ripolles, *et al.*：*J. Phys. Chem. Lett.*, **5**, 1628–35 (2014)

[42] M. R. Tubbs, A. J. Forty：*British J. Appl. Phys.*, **15**, 1553–1558 (1964)

[43] 久下謙一 編：写真の百科事典，朝倉書店（2014）

[44] F. Deschler, M. Price, S. Pathak, *et al.*：*J. Chem. Phys. Lett.*, **5**, 1421–1426 (2014)

[45] A. Kojima, M. Ikegami, K. Teshima, *et al.*：*Chem. Lett.*, **41**, 397–399 (2012)

[46] O. Miller, E. Yablonovitch, S. Kurtz: *IEEE Journal of Photovoltaics*, **2**, 303–311 (2012)

[47] Q. Dong, Y. Fang, Y. Shao, *et al.*：*Science*, **347**, 967–9 (2015)

[48] S. D. Stranks, G. E. Eperon, G. Grancini, *et al.*：*Science*, **342**, 341–2 (2013)

[49] G. Giorgi, J. I. Fujisawa, H. Segawa, *et al.* ：*J. Phys. Chem. Lett.*, **4**, 4213–6 (2013)

[50] H. Kunugita, T. Hashimoto, Y. Kiyota, *et al.* ：*Chem. Lett.*, **44**, 852–854 (2015)

[51] S. Wei, Y. Yang, X. Kang, *et al.*：*Chem. Cummun.*, **52**, 7265–7268 (2016)

[52] M. Ozaki, Y. Nakaike, A. Shimazaki, *et al.*：*Bull. Chem. Soc. Jpn.*, **92**, 1972–1979 (2019)

[53] T. Singh, S. Öz, A. Sasinska, *et al.*：*Adv. Func. Mat.*, 1706287–1706296 (2018)

[54] Q. Gao, J. Qi, K. Chen, *et al.* ：*Adv. Mater.*, **34**, 2200720 (2022)

[55] L. De Marco, G. Nasti, A. Abate, *et al.*：*Solar RRL*, **6**, 2101085 (2022)

[56] Z. Chen, B. Turedi, A. Y. Alsalloum, *et al.*：*ACS Energy Lett.*, **4**, 1258–1259 (2019)

[57] A. Y. Alsalloum, B. Turedi, K. Almasabi, *et al.* ：*Energy Environ. Sci.*, **14**, 2263–2268 (2021)

[58] Z. Chen, Q. Dong, Y. Liu, *et al.* ：*Nature Commun.*, **8**, 1890 (2017)

[59] Y. Liu, Y. Zhang, X. Zhu, *et al.*：*Sci. Adv.*, **7**, eabc8844 (2021)

[60] A. Paliwal, K. P. S. Zanoni, C. Roldán-Carmona, *et al.*：*Matter*, **6**, 3499–3508 (2023)

[61] K. Kimura, Y. Nakamura, T. Matsushita, *et al.* ：*J. J. Appl. Phys.*, **58**, SBBF04 (2019)

[62] H. Huang, P. Cui, Y. Chen, *et al.* ：*Joule,* **6**, 2186–2202 (2022)

[63] A. Mei, X. Li, L. Liu, *et al.* ：*Science*, **345**, 295–298 (2014)

[64] M. Que, B. Zhang, J. Chen, *et al.* : *Mat. Adv.*, **2**, 5560–5579 (2021)

[65] B. Zhao, L. V. Gillan, A. D. Scully, *et al.* : *Angew. Chemie*, **62**, e202218174 (2023)

[66] U. B. Cappel, T. Daeneke, U. Bach : *Nano Lett.*, **12**, 4925–4931 (2012)

[66a] G. M. Kim, A. Ishii, S. Öz, *et al*: *Adv. Energy Mater.*, **10**, 1903299 (2020)

[67] T. Yang, L. Gao, J. Lu, *et al.* : *Nature Commun.*, **14**, 839 (2023)

[68] M. Ghasemi, B. Guo, K. Darabi, *et al.*: *Nature Mater.*, **22**, 329–337 (2023)

[69] C. Eames, J. M. Frost, P. R. F. Barnes, *et al.* : *Nature Commun.*, **6**, 7497 (2015)

[70] Y. Yuan, Q. Wang, Y. Shao, *et al.* : *Adv. Energy Mater.*, **6**, 1501803 (2016)

[71] A. K. Jena, A. Kulkarni, M. Ikegami, *et al.* : *J. Power Sources,* **309**, 1–10 (2016)

[72] H. J. Snaith, A. Abate, J. M Ball, *et al.* : *J. Phys. Chem. Lett.*, **5**, 1511–1515 (2014)

[73] D.-Y. Son, S.-G. Kim, J.-Y. Seo, *et al.* : *J. Am. Chem. Soc.*, **140**, 1358–1364 (2018)

[74] B. P. Finkenauer, Akriti, K. Ma, *et al.* : *ACS Appl. Mater. Interfaces*, **14**, 24073–24088 (2022)

[75] W. A. Dunlop-Shohl, Y. Zhou, N. P. Padture, *et al.* : *Chem. Rev.*, **119**, 3193–3295 (2019)

[76] S. M. Sze : *Physics of Semiconductor Devices, 2nd ed.*, Wiley, New York (1981)

[77] W. Shockley, W. T. Read, Jr. : *Phys. Rev.*, **87**, 835–842 (1952)

[78] H. D. Kim, H. Ohkita, H. Benten, *et al.* : *Adv. Mater.*, **28**,

917–922 (2016)

[79] A. R. M. Yusoff, M. Vasilopoulou, D. G. Georgiadou, *et al.*：*Energy Environ. Sci.*, **14**, 2906–2953 (2021)

[80] Z. Guo, A. K. Jena, G. M. Kim, *et al.*：*Energy Environ. Sci.*, **15**, 3171–3222 (2022)

[81] M. A. Kamarudin, S. Hayase：Passivation of Hybrid/Inorganic Perovskite Solar Cells, in *Perovskite Solar Cells: Materials, Processes, and Devices* (M. Grätzel, S. Ahmad, S. Kazim, ed), Chapter 3, Wiley-VCH (2021), ISBN: 9783527347155

[82] K. Kim, J. Han, S. Lee, *et al.*：*Adv. Energy Mater.*, **13**, 2203742 (2023)

[83] L. Yang, Q. Xiong, Y. Li, *et al.*：*J. Mater. Chem. A*, **9**, 1574–1582 (2021)

[84] R. Wang, J. Xue, L. Meng, *et al.*：*Joule*, **3**, 1464–1477 (2019)

[85] J. Han, K. Kim, J.-S. Nam, *et al.*：*Adv. Energy Mater.*, **11**, 2101221 (2021)

[86] X. Zheng, Z. Li, Y. Zhang, *et al.*：*Nature Energy*, **8**, 462–472 (2023)

[87] M. A. Truong, T. Funasaki, L. Ueberricke, *et al.*：*J. Am. Chem. Soc.*, **145**, 13, 7528–7539 (2023)

[88] G. M. Kim, H. Sato, Y. Ohkura, *et al.*：*Adv. Energy Mater.*, **12**, 2102856 (2022)

[89] Z. Guo, A. K. Jena, I. Takei, *et al.*：*J. Am. Chem. Soc.*, **142**, 9725–9734 (2020)

[90] W. Ke, C. C. Stoumpos, M. G. Kanatzidis：*Adv. Mater.*, **31**, 1803230 (2019)

[91] F. Hao, C. C. Stoumpos, H. D. Cao, *et al.*：*Nature Photonics*, **8**, 489–494 (2014)

[92] J. Zhao, Z. Zhang, G. Li, *et al.*：*Adv. Energy Mater.*, **13**, 2204233 (2023)

[93] R. M. I. Bandara, S. M. Silva, C. C. L. Underwood, *et al.*：*Energy Environ. Mater.*, **5**, 370–400 (2022)

[94] S. Hu, K. Otsuka, R. Murdey, *et al.*：*Energy Environ. Sci.*, **15**, 2096–2107 (2022)

[95] X. Chu, Q. Ye, Z. Wang, *et al.*：*Nature Energy,* **8**, 372–380 (2023)

[96] X. Gu, W. Xiang, Q. Tian, *et al.*：*Angew. Chem.*, **133**, 23348–23354 (2021)

[97] Z. Li, X. Liu, J. Xu, *et al.*：*J. Phys. Chem. Lett.*, **11**, 4138–4146 (2020)

[98] M. Jošt, L. Kegelmann, L. Korte, *et al.*：*Adv. Energy Mater.*, **10**, 1904102 (2020).

[99] R. Lin, J. Xu, M. Wei, *et al.*：*Nature,* **603**, 73–78 (2022)

[100] Z. Wang, L. Zeng, T. Zhu, *et al.*：*Nature*, **618**, 74–79 (2023)

[101] 光化学協会 編，井上晴夫 監修：夢の新エネルギー「人工光合成」とは何か，講談社 (2016)

[102] Z. N. Zahran, Y. Miseki, E. A. Mohamed, *et al.*：*ACS Appl. Energy Mater.*, **5**, 8241–8253 (2022)

[103] E. Smecca, Y. Numata, I. Deretzis, *et al.*：*Phys. Chem. Chem. Phys.*, **18**, 13413–13422 (2016)

[104] D. J. Slotcavage, H. I. Karunadasa, M. D. McGehee：*ACS Energy Lett.,* **1**, 1199–1205 (2016)

[105] R. E. Beal, N. Z. Hagstrom, J. Barrier, *et al.*：*Matter*, **2**, 207–219 (2020)

[106] S. M. Park, M. Wei, J. Xu, *et al.*：*Science,* **381**, 209–215 (2023)

[107] B. Chaudhary, A. Kulkarni, A. K. Jena, *et al.*：*ChemSusChem*, **10**, 2473–2479 (2017)

[108] H. Zhu, S. Teale, M. N. Lintangpradipto, *et al.*：*Nature Rev. Materials*, DOI: https://doi.org/10.1038/s41578-023-00582-w

(2023)

[109] N.-G. Park, M. Gratzel, T. Miyasaka, *et al.* : *Nature Energy*, **1**, 16152 (2016)

[110] A. Babayigit, A. Ethirajan, M. Muller, *et al.* : *Nature Materials*, **15**, 247–251 (2016)

[111] M. R. Filip, S. Hillman, A. A. Haghighirad, *et al.* : *J. Phys. Chem. Lett.*, **7**, 2579 2585 (2016)

[112] X. Yang, W. Wang, R. Ran, *et al.* : *Energy Fuels*, **34**, 10513–10528 (2020)

[113] W. Gao, C. Ran, J. Xi, *et al.* : *ChemPhysChem*, **19**, 1696–1700 (2018)

[114] B. Wang, N. Li, L. Yang, *et al.* : *J. Am. Chem. Soc.*, **143**, 2207–2211 (2021)

[115] J. W. Park, Y. Lim, K.-Y. Doh, *et al.* : *Sustainable Energy Fuels*, **5**, 1439–1447 (2021)

[116] I. Turkevych, S. Kazaoui, E. Ito, *et al.* : *ChemSusChem*, **10**, 3754–3759 (2017)

[117] N. B. C. Guerrero, Z. Guo, N. Shibayama, *et al.* : *ACS Appl. Energy Mater.*, **6**, 10274–10284 (2023)

[118] Q. Zhang, C. Wu, X. Qi, *et al.* : *ACS Appl. Energy Mater.*, **2**, 3651–3656 (2019)

[119] N. Pai, J. Lu, T. R. Gengenbach, *et al.* : *Adv. Energy Mater.*, **9**, 1803396 (2019)

[120] Y. Xiao, H. Wang, F. Awai, *et al.* : *ACS Appl. Mater. Interfaces*, **14**, 6994–7003 (2022)

[121] H. Gu, C. Fei, G. Yang, *et al.* : *Nature Energy*, **8**, 675–684 (2023)

[122] T. Miyasaka, M. Ikegami, Y. Kijitori : *J. Electrochem. Soc.*, **154**, A455–461 (2007)

[123] T. Singh, M. Ikegami, T. Miyasaka : *ACS Appl. Energy*

Mater., **1**, 6741–6747 (2018)

[124] Z. Guo, A. K. Jena, I. Takei, *et al.* : *Adv. Func. Mater.*, **31**, 2103614 (2021)

[125] Z. Guo, A. K. Jena, T. Miyasaka : *ACS Energy Lett.,* **8**, 90–95 (2023)

[126] Y. Miyazawa, M. Ikegami, H. -W. Chen, *et al.* : *iScience*, **2**, 148–155 (2018)

[127] Y. Miyazawa, G. M. Kim, A. Ishii, *et al.* : *J. Phys. Chem. C*, **125**, 13131–13137 (2021)

[128] F. Lang, N. H. Nickel, J. Bundesmann, *et al.* : *Adv. Mater.*, **28**, 8726–8731 (2016)

[129] A. R. Kirmani, B. K. Durant, J. Grandidier, *et al.* : *Joule*, **6**, 1015–1031 (2022)

[130] L. K. Reb, M. Bohmer, B. Predeschly, *et al.* : *Joule*, **4**, 1–13 (2020)

[131] O. Malinkiewicz, M. Imaizumi, S. B. Sapkota, *et al.* : *Emergent Materials*, **3**, 9–14 (2020)

[132] H.-W. Chen, N. Sakai, A. K. Jena, *et al.* : *J. Phys. Chem. Lett.*, **6**, 1773–1779 (2015)

[133] Y. C. Kim, K. H. Kim, D. Y. Son, *et al.* : *Nature*, **550**, 87–91 (2017)

[134] T.-Yu Hsieh, T. C. Wei, K.-L. Wu, *et al.* : *Chem. Commun.*, **51**, 13294–13297 (2015)

[135] P. Zhai, L. Ren, S. Li, *et al.* : *Matter*, **5**, 4450–4466 (2022)

索　引

〔著者紹介〕

宮坂　力（みやさか　つとむ）

1981年　東京大学大学院工学系研究科合成化学専攻博士課程修了
現　在　桐蔭横浜大学医用工学部 特任教授，工学博士
　　　　東京大学先端科学技術研究センター フェロー
専　門　光電気化学，ペロブスカイト光電変換の科学

化学の要点シリーズ　48　Essentials in Chemistry 48

ペロブスカイト太陽電池
―光発電の特徴と産業応用―
Perovskite Solar Cells : Photovoltaic Characteristics and Industrial Applications

2024年 1月25日　初版 1 刷発行
2024年 2月20日　初版 2 刷発行

著　者　宮坂　力
編　集　日本化学会　©2024
発行者　南條光章
発行所　**共立出版株式会社**
　　　　［URL］www.kyoritsu-pub.co.jp
　　　　〒112-0006 東京都文京区小日向4-6-19　電話 03-3947-2511 （代表）
　　　　振替口座　00110-2-57035
印　刷　藤原印刷
製　本　協栄製本
printed in Japan

検印廃止
NDC　431.5, 425.4
ISBN 978-4-320-04489-0

一般社団法人
自然科学書協会
会員